复杂超限高层建筑结构
性能化抗震设计与实践

黄 信 著

中国建筑工业出版社

图书在版编目（CIP）数据

复杂超限高层建筑结构性能化抗震设计与实践/黄
信著. —北京：中国建筑工业出版社，2022.11
ISBN 978-7-112-28041-4

Ⅰ. ①复… Ⅱ. ①黄… Ⅲ. ①高层建筑-建筑结构-
防震设计 Ⅳ.①TU973

中国版本图书馆 CIP 数据核字（2022）第 181449 号

本书总结了作者多年来在复杂超限高层建筑结构性能化抗震设计方面的研究
成果，系统介绍了高层结构非线性分析、复杂高层结构性能化抗震设计、高层结
构减震分析及工程应用实践。全书主要内容包括：超限高层建筑结构的性能化抗
震设计方法及非线性分析方法，复杂节点精细化非线性数值分析，竖向不对称收
进超限高层结构强震损伤分析，大高宽比超限剪力墙结构、超限框架-核心筒-伸
臂桁架结构、超限高层减震结构以及机场高耸塔台结构的性能化抗震设计。

本书适合从事建筑结构设计的专业人员及高等院校教师与研究生参考使用。

责任编辑：刘婷婷
责任校对：党　蕾

复杂超限高层建筑结构性能化抗震设计与实践
黄　信　著
*
中国建筑工业出版社出版、发行（北京海淀三里河路 9 号）
各地新华书店、建筑书店经销
霸州市顺浩图文科技发展有限公司制版
廊坊市海涛印刷有限公司印刷
*
开本：787 毫米×1092 毫米　1/16　印张：9½　字数：234 千字
2022 年 11 月第一版　　2022 年 11 月第一次印刷
定价：**38.00** 元
ISBN 978-7-112-28041-4
（40039）

序

  近二十年，我国建设了一大批高层建筑，建筑高度不断攀升给高层建筑结构抗震设计带来了新的挑战。同时，由于刚度突变、体系转换等不规则性引起的高层建筑抗震安全问题日益凸显。为提升复杂超限高层建筑的抗震能力，应对超限高层建筑结构进行性能化抗震设计，结合建筑结构不规则性等特征，提出结构及关键构件抗震性能目标，开展高层建筑结构强震损伤分析及不同地震水准下结构抗震设计。结构性能化抗震设计对结构工程师的设计能力提出了高标准要求，不仅需要具备较强的结构设计概念，还应掌握非线性分析等计算方法。

  本书以超限高层建筑结构性能化抗震设计为主线，以大高宽比、竖向不对称收进等复杂高层建筑为对象，系统介绍了超限高层建筑结构非线性数值分析方法、关键节点精细化模拟、复杂高层建筑强震损伤分析、关键构件性能目标确定、大高宽比剪力墙结构及竖向不对称高层建筑结构的性能化抗震设计方法，同时介绍了超限减震结构及机场高耸塔台性能化抗震设计方法，涉及的结构体系包括框架结构、剪力墙结构、框架-核心筒结构等，并在工程实践中提出了格构式巨柱节点、大高宽比高层结构抗倾覆措施、减震子结构等实用设计方法。

  本书作者黄信博士从天津大学毕业后进入设计院，长期从事复杂高层建筑结构性能化抗震设计工作，后又回到高校从事科研与教学工作，丰富的工程实践经历和扎实的理论知识与科研能力，使本书内容既具有设计方法系统性，又具有工程设计实用性。我认识黄信博士已有十余年，平时他常与我讨论有关超限高层建筑结构性能化设计方法和工程实践问题。对于本书的顺利出版我感到由衷的高兴，相信本书能为从事高层建筑结构设计与研究的学者、研究生以及工程师提供借鉴和指导，有助于提高结构工程师的超限高层建筑结构抗震设计水平。

全国工程勘察设计大师
全国超限高层抗震设防审查专家委员会委员
天津市超限高层抗震设防审查专家委员会主任
2022 年 9 月于天津

前　言

城镇化进程推动了高层建筑的快速发展，我国高层建筑数量已居世界首位。同时，我国又属于地震频发国家，地震作用可能导致工程结构破坏甚至倒塌，造成巨大的人员伤亡和经济损失。因此，提升高层建筑抵御地震灾害的能力和韧性，是增强我国高层建筑抗灾害能力的重要手段，也是当今结构工程抗震领域的关键科学问题和研究热点。

我国高层建筑结构设计规范和超限高层审查设计要点规定，当高层建筑高度或不规则性超过规范要求时属于超限高层建筑结构应进行性能化抗震设计。当前，为满足建筑使用功能及充分利用城市用地空间，大高宽比、竖向刚度突变等复杂特征引起的高层建筑结构的抗震安全问题愈发突出。例如：高层住宅剪力墙结构的高宽比超过规范建议值，提出强震下大高宽比剪力墙结构的抗倾覆性能分析方法至关重要；竖向不对称收进高层结构中设置伸臂桁架可提高结构抗侧刚度，但会造成竖向刚度突变，有必要针对竖向不对称收进高层结构及伸臂桁架开展强震损伤分析及性能化抗震设计；高层结构采用减震技术可以提高结构强震性能，为保障强震下结构减震效果，应针对高层建筑结构开展减震子结构性能设计；机场高耸塔台是确保飞机安全起降的重要基础设施，其抗震具有高标准要求，然而目前塔台结构尚无系统的性能化抗震设计方法。针对上述问题，本书总结了作者多年来在复杂高层建筑结构性能化抗震设计方面的研究成果，系统介绍了超限高层结构非线性分析、复杂超限高层结构性能化抗震设计、复杂超限高层结构减震分析及工程应用实践，以提升我国复杂超限高层结构的抗震韧性及安全水平。

全书包括 8 章内容。第 1 章概述了我国超限高层建筑发展、结构体系、超限结构分类及性能化抗震设计方法；第 2 章介绍了超限高层建筑结构非线性分析方法，包括材料非线性本构模型、构件单元模型以及结构非线性分析方法；第 3 章介绍了高层建筑结构复杂节点精细化数值分析与设计方法，针对格构式钢骨混凝土巨柱、转换斜柱及转换异形柱开展了强震损伤分析，为新型复杂节点的工程应用提供技术依据，同时研究了现浇楼板钢筋参与框架梁负弯矩段的受力机理；第 4 章介绍了复杂超限高层建筑结构强震损伤分析方法，针对竖向不对称收进复杂高层建筑结构进行强震损伤分析，研究了结构核心筒、外框柱、连梁等构件的抗震性能；第 5 章介绍了大高宽比超限高层剪力墙建筑结构性能化抗震设计方法，分析了高层剪力墙结构的抗震性能及损伤机理，提出了基于桩基抗拔性能分析的大高宽比高层剪力墙结构抗倾覆性能设计方法，同时研究了连梁阻尼器在高层剪力墙结构的减震效果；第 6 章介绍了设置伸臂桁架的竖向不对称框架-核心筒超限结构性能化抗震设计方法，分析了强震下框架-核心筒-伸臂桁架高层结构外框和内筒受力性能，对伸臂桁架进行了性能化抗震设计，并分析了伸臂楼层设置阻尼器的减震效果；第 7 章介绍了超限高层减震结构的性能化抗震设计方法，对超限框架结构采用防屈曲约束支撑进行减震性能设计，研究了超限结构及减震子结构的抗震性能，提出了基于弹塑性修正的减震子结构设计方法；第 8 章介绍了机场高耸塔台结构性能化抗震设计方法，研究了塔台结构推覆分析抗侧向力模式的适用性和强震损伤，采用性能化抗震设计方法对结构进行抗震性能提升，为机场高耸塔台性能化抗震设计提供技术支撑。

本书是黄信博士及研究团队近十多年来在复杂超限高层建筑结构性能化抗震设计方法及工程实践方面相关研究成果的结晶，研究成果成功应用于天津津湾广场 9 号楼、天津新八大里六合大厦、天津湾地块超限高层等复杂超限高层建筑结构的性能化抗震设计。感谢天津市建筑设计院总工程师、天津市勘察设计大师黄兆纬，天津市建筑设计院结构研发中心胡雪瀛主任、刘涛高工、朱旭东博士，以及中国民航大学齐麟教授、天津城建大学吕杨教授等专家学者的无私帮助和长期技术合作。由衷感谢我的恩师天津大学李忠献教授多年来对我的指导和关爱，也感谢全国工程勘察设计大师丁永君总工程师等天津市超限高层建筑工程抗震设防审查专家委员会专家组在复杂超限高层项目中给予的指导，作者在此表示衷心感谢。

本书研究工作得到了国家重点研发计划项目（2021YFB2600500）、国家自然科学基金面上项目（52278542）、天津市科技计划项目（19JCTPJC53500）、天津市建委科技项目（2016-5）、天津市教委科研计划项目（2019KJ123）、滨海土木工程结构与安全教育部重点实验室开放课题（2018-KF01）、中国民航大学学科建设项目（2014230122009001）及中国民航大学科研启动基金（2020KYQD40）的大力资助，作者在此表示衷心感谢。

由于作者水平有限，书中难免存在不足之处，衷心希望读者批评、指正！

黄　信

2022 年 9 月

目　　录

第1章 超限高层建筑结构性能化抗震设计方法

1.1 超限高层建筑结构体系

1.1.1 高层建筑发展

随着国家城镇化及城市群发展战略的实施，为有效缓解城市用地资源紧张问题，高层建筑进入了快速发展时期，目前我国高层建筑的数量和规模已经位居世界第一。高层建筑是指 10 层及 10 层以上或房屋高度大于 28m 的住宅建筑和房屋高度大于 24m 的其他高层民用建筑[1]。随着我国城镇化建设进程的加速，我国高层建筑结构和超高层建筑结构进入了高速发展时期，尤其是 21 世纪以来我国超高层建筑的高度不断突破，其中上海中心大厦建筑高度达到 632m，天津高银 117 大厦结构高度达到 597m，由本土结构工程师自主设计的超高层建筑的数量和高度也在不断增加[2]。目前，我国已建成的超高层建筑包括上海中心大厦（632m）、深圳平安金融中心（599m）、广州周大福金融中心（530m）、天津周大福金融中心（530m）、中信大厦（中国尊）（528m）、台北 101 大楼（508m）等[3]。

常规高层建筑结构的抗震设计方法已经较为成熟，按照我国相关高层建筑结构设计规范及抗震设计规范进行设计即可保证结构抗震安全。然而，为满足建筑使用功能及充分利用城市用地空间，大高宽比、刚度突变等复杂特征引起高层建筑结构的抗震安全问题愈发突出，在大震（即强震）作用下的结构抗震性能有待开展研究。例如：高层住宅剪力墙结构的高宽比远超规范建议值，有必要建立强震下大高宽比高层结构的抗倾覆性能设计方法；针对采用框架-核心筒-伸臂桁架结构体系的竖向不对称收进高层建筑的强震损伤机理及伸臂桁架性能方法有待开展研究工作；随着减震技术在高层建筑中的应用逐渐增多，为确保强震下阻尼器有效发挥减震作用，应建立减震子结构性能化抗震设计方法。典型复杂高层建筑结构如图 1-1 所示。

1.1.2 高层建筑结构体系

高层建筑结构体系主要包括框架结构、剪力墙结构、框架-核心筒结构、筒中筒等，为提升复杂超限高层建筑结构的抗震性能，通常在结构中设置伸臂桁架、阻尼器等高性能构件。下面分别针对高层建筑结构体系和高性能构件进行介绍。

(a) 竖向收进高层建筑结构　　　　　(b) 大高宽比高层建筑结构

图 1-1　复杂高层建筑结构

1. 高层建筑结构体系

随着建筑高度的不断增大，其适用的结构体系也有所差异，高层结构体系从传统的框架结构、剪力墙结构、框架-核心筒结构逐渐发展形成了筒中筒结构和混合结构体系[4-6]。

1）框架结构

框架结构是多高层建筑常用的结构形式，在 40m 以下的高层建筑中具有较好的应用优势。框架柱是结构竖向受力构件，水平荷载通过楼板传递给框架梁，由框架梁和框架柱形成整体受力体系。框架结构具有建筑空间布置灵活、结构经济性好等特点。

相对其他高层建筑结构体系而言，框架结构的适用高度较低，但是由于建筑功能布置等影响，仍会导致框架结构体型出现不规则特性。实际工程设计中应重视结构抗震概念设计，如平面为 L 形布置的框架结构往往存在较为明显的扭转不规则性；对于平面体型较长的框架结构，还应重视温度效应对结构受力性能的影响。

2）剪力墙结构

相对框架结构而言，剪力墙结构具有较大的抗侧刚度，在抗震设防区更适用于高层建筑结构，尤其在高层住宅建筑中应用广泛。竖向受力构件和水平抗侧力构件均为剪力墙，剪力墙墙肢间通过连梁进行连接，连梁刚度是影响剪力墙结构受力的重要因素。

剪力墙增大了结构抗侧刚度，能够有效抵抗地震作用，但是由于剪力墙自重较大，同时会增大地震效应，所以在剪力墙结构设计中应对剪力墙进行优化布置，控制对结构抗侧力刚度贡献不明显位置处剪力墙的数量和长度，同时应保证剪力墙墙肢竖向布置的连续性。对剪力墙住宅而言，由于建筑功能要求及平面体型影响，导致剪力墙住宅建筑具有较大的高宽比，在高层剪力墙结构性能化设计中应重视结构抗倾覆性能分析和设计。

3）框架-核心筒结构

框架-核心筒结构的建筑布置较纯剪力墙结构灵活，其结构整体抗侧刚度大，适用于150m以上的高层建筑。框架-核心筒结构体系通过内筒剪力墙和外框架形成整体受力体系，内部筒体结构刚度大，利用筒体位置布置建筑竖向交通核和水暖井，而外框架和内筒之间则为建筑功能区。框架-核心筒结构多用于高层办公楼、酒店、公寓等建筑。

为提升框架-核心筒结构体系的抗震性能和结构适用高度，对于250m及以上高度可采用混合结构，即将钢筋混凝土外框架调整为钢框架或型钢混凝土、钢管混凝土框架，同时为改善钢筋混凝土筒体的延性，可以在筒体剪力墙中布置型钢。钢框架-钢筋混凝土核心筒和型钢（钢管）混凝土框架-钢筋混凝土核心筒结构适用高度较钢筋混凝土框架-钢筋混凝土核心筒结构有所增大，但用钢量增加，所以应结合建筑规则性和结构所在地区的抗震设防等级进行方案比选。

4）筒中筒结构

将外框架做成密柱框架以增大刚度形成外筒，从而与剪力墙内筒结构组成筒中筒结构体系。对于设置密柱的外筒，应保证外框梁的刚度，即外框梁尺寸应相应增大，从而使外框梁、柱的整体受力性能得到有效提升。由于外筒采用密柱布置，其建筑外立面窗洞布置会受到一定的影响。

5）巨型框架-支撑-核心筒结构

对于高度超过300m以上的高层建筑，传统框架-核心筒结构难以满足结构中上部区域的层间位移角限值要求，此时采用巨型框架-支撑-核心筒结构体系，即将外框架沿建筑高度分成若干区域，每个区域设置大型斜撑和巨型梁柱以提高结构的受力性能。

2. 高性能构件

高层建筑结构的竖向受力构件主要为框架柱和剪力墙。随着高层结构分析技术和设计理念的发展，在框架-核心筒结构体系中设置高性能构件以提升结构的整体抗震性能，例如，为有效增加内筒剪力墙和外框架的协同受力性能，布置相应的伸臂桁架和腰桁架；对于高烈度区高层建筑，采用阻尼器进行减震设计[7-9]。

1）伸臂桁架和腰桁架

高层建筑为满足设备功能和建筑布置要求，通常沿建筑一定高度布置设备层。为提升高层建筑结构的受力性能，可以在设备层布置桁架结构，连接钢筋混凝土核心筒和外框架的桁架被称为伸臂桁架，设置于外框架四周的桁架被称为腰桁架或周边带状桁架。桁架一般采用钢结构，伸臂桁架应与核心筒刚接，伸臂桁架上、下弦杆应延伸至墙体内并贯通；核心筒与伸臂桁架连接处宜设置构造型钢柱。

伸臂桁架提升了内筒和外框架的整体受力性能，能够有效提高地震作用下结构的抗侧刚度，改善结构层间位移角指标。但设置伸臂桁架会导致结构竖向刚度突变，所以在伸臂桁架性能设计中应进行楼层刚度协调设计，降低刚度突变对罕遇地震下结构抗震性能的影响。

2）阻尼器

采用减、隔震技术可以有效降低结构的地震作用，提高建筑结构的抗震性能。高层建筑结构抗震设计中可以设置阻尼器进行减震设计，通过阻尼器耗散地震能量，有效保护主体结构抗震安全。根据阻尼器减震原理，阻尼器可分为软钢阻尼器、黏滞阻尼器等形式；

按阻尼器构件类型可分为防屈曲耗能斜撑、黏滞阻尼墙、斜撑黏滞阻尼器等。高层结构减震设计中阻尼器类型的选择，应根据结构体系、结构高度、建筑允许布置阻尼器的空间等因素综合考虑。

软钢斜撑式阻尼器通过软钢变形耗能提高结构抗震性能，软钢阻尼器具有一定的刚度，为保证设防地震和罕遇地震下阻尼器能够有效发挥减震作用，应对减震子结构开展性能设计，并验算罕遇地震下阻尼器变形，确保与阻尼器相连的梁柱构件不先于阻尼器破坏。

3）钢板剪力墙

由于框架-核心筒结构体系中的核心筒剪力墙结构刚度较外框架大，所以地震作用下核心筒剪力墙承担地震力大，从而导致内筒剪力墙易发生损伤。为改善内筒剪力墙的抗震性能，在剪力墙处设置钢板以形成钢板剪力墙，如天津津塔内筒就采用了钢板剪力墙。

4）巨柱

高层建筑结构采用巨型钢管或钢骨混凝土柱，可有效提高结构的整体抗侧刚度，国内超高层建筑的巨柱平面尺寸长度越来越大，如天津津湾广场9号楼超高层建筑底部巨柱平面尺寸长度达到3m。高层建筑结构整体分析中通常采用杆系模型模拟梁、柱，所以结构整体抗震分析中难以掌握巨柱的受力性能，应采用精细化数值分析方法或试验对超高层建筑结构的关键区域进行性能分析。

1.1.3 超限高层建筑工程

高层建筑为满足建筑功能及效果要求，存在立面竖向收进、楼板大开洞、竖向转换等不规则特征时，属于复杂高层建筑结构，结构设计应重点关注上述不规则特征引起的扭转、刚度突变等效应。当复杂高层建筑结构的高度或不规则性超过规范限值时，则属于复杂超限高层建筑结构。

根据《超限高层建筑工程抗震设防专项审查技术要点》[10]和《天津市超限高层建筑工程设计要点》[11]可知，超限高层建筑工程包括高度超限工程、规则性超限工程和屋盖超限工程。超限高层建筑结构不仅仅指高度超限，当高层建筑结构不规则性超过规范限值较多时同样定义为超限高层结构。对于超限高层结构应进行性能化抗震设计，确保罕遇地震作用下超限高层结构的抗震安全。

高度超限的高层结构是指房屋高度超过《建筑抗震设计规范》[12]或《高层建筑混凝土结构技术规程》[1]（简称《高规》）对高层建筑结构高度的限值。规则性超限指结构的平面规则性或竖向规则性超过规范限值要求，包括扭转位移比、刚度比等。

按照我国超限工程抗震设防审查规定，应根据结构的不规则性、结构高度等分析高层建筑结构的超限情况，并结合高层结构体系及抗震设防烈度确定超限高层结构的抗震性能目标。根据《超限高层建筑工程抗震设防专项审查技术要点》，当高层建筑结构高度超过表1-1所列数值时为高度超限的高层结构，当结构不规则性达到表1-2～表1-5所列情况时结构也属于超限高层结构。

确定结构抗震性能目标时，尚应综合考虑结构高宽比及地下室埋深等影响，例如高层结构高宽比超过规范限值较多时，在结构抗震性能分析中应对高层结构的抗倾覆能力进行分析。

高层建筑结构高度限值（m）　　　　　　　　　　　　　表 1-1

结构类型		6度	7度 (0.1g)	7度 (0.15g)	8度 (0.20g)	8度 (0.30g)	9度
混凝土结构	框架	60	50	50	40	35	24
	框架-抗震墙	130	120	120	100	80	50
	抗震墙	140	120	120	100	80	60
	部分框支抗震墙	120	100	100	80	50	不应采用
	框架-核心筒	150	130	130	100	90	70
	筒中筒	180	150	150	120	100	80
	板柱-抗震墙	80	70	70	55	40	不应采用
	较多短肢墙	140	100	100	80	60	不应采用
	错层的抗震墙	140	80	80	60	60	不应采用
	错层的框架-抗震墙	130	80	80	60	60	不应采用
混合结构	钢框架-钢筋混凝土筒	200	160	160	120	100	70
	型钢（钢管）混凝土框架-钢筋混凝土筒	220	190	190	150	130	70
	钢外筒-钢筋混凝土内筒	260	210	210	160	140	80
	型钢（钢管）混凝土外筒-钢筋混凝土内筒	280	230	230	170	150	90
钢结构	框架	110	110	110	90	70	50
	框架-中心支撑	220	220	200	180	150	120
	框架-偏心支撑（延性墙板）	240	240	220	200	180	160
	各类筒体和巨型结构	300	300	280	260	240	180

注：平面和竖向均不规则（部分框支结构指框支层以上的楼层不规则），其高度应比表内数值降低至少10%。

同时具有下列三项及三项以上不规则的高层建筑工程（不论高度是否大于表 1-1）表 1-2

序号	不规则类型	简要涵义	备注
1a	扭转不规则	考虑偶然偏心的扭转位移比大于1.2	参见 GB 50011—2010 第3.4.3条
1b	偏心布置	偏心率大于0.15或相邻层质心相差大于相应边长15%	参见 JGJ 99—2015 第3.2.2条
2a	凹凸不规则	平面凹凸尺寸大于相应边长30%等	参见 GB 50011—2010 第3.4.3条
2b	组合平面	细腰形或角部重叠形	参见 JGJ 3—2010 第3.4.3条
3	楼板不连续	有效宽度小于50%，开洞面积大于30%，错层大于梁高	参见 GB 50011—2010 第3.4.3条
4a	刚度突变	相邻层刚度变化大于70%（按《高规》考虑层高修正时，数值相应调整），或连续三层变化大于80%	参见 GB 50011—2010 第3.4.3条，JGJ 3—2010 第3.5.2条
4b	尺寸突变	竖向构件收进位置高于结构高度20%且收进大于25%，或外挑大于10%和4m，多塔	参见 JGJ 3—2010 第3.5.5条
5	构件间断	上下墙、柱、支撑不连续，含加强层、连体类	参见 GB 50011—2010 第3.4.3条

续表

序号	不规则类型	简要涵义	备注
6	承载力突变	相邻层受剪承载力变化大于 80%	参见 GB 50011—2010 第 3.4.3 条
7	局部不规则	如局部的穿层柱、斜柱、夹层、个别构件错层或转换，或个别楼层扭转位移比略大于 1.2 等	已计入 1~6 项者除外

注：深凹进平面在凹口设置连梁，当连梁刚度较小，不足以协调两侧的变形时，仍视为凹凸不规则，不按楼板不连续的开洞对待；序号 a、b 不重复计算不规则项；局部的不规则，视其位置、数量等对整个结构影响的大小判断是否计入不规则的一项。

具有下列二项或同时具有本表和表 1-2 中某项不规则的高层建筑工程　　　　　表 1-3

序号	不规则类型	简要涵义	备注
1	扭转偏大	裙房以上的较多楼层考虑偶然偏心的扭转位移比大于 1.4	表 1-2 之 1 项不重复计算
2	抗扭刚度弱	扭转周期比大于 0.9，超过 A 级高度的结构扭转周期比大于 0.85	
3	层刚度偏小	本层侧向刚度小于相邻上层的 50%	表 1-2 之 4a 项不重复计算
4	塔楼偏置	单塔或多塔与大底盘的质心偏心距大于底盘相应边长 20%	表 1-2 之 4b 项不重复计算

具有下列某一项不规则的高层建筑工程　　　　　表 1-4

序号	不规则类型	简要涵义
1	高位转换	框支墙体的转换构件位置：7 度超过 5 层，8 度超过 3 层
2	厚板转换	7~9 度设防的厚板转换结构
3	复杂连接	各部分层数、刚度、布置不同的错层，连体两端塔楼高度、体型或沿大底盘某个主轴方向的振动周期显著不同的结构
4	多重复杂	结构同时具有转换层、加强层、错层、连体和多塔等复杂类型的 3 种

注：仅前后错层或左右错层属于表 1-2 中的一项不规则，多数楼层同时前后、左右错层属于本表的复杂连接。

其他高层建筑工程　　　　　表 1-5

序号	简称	简要涵义
1	特殊类型高层建筑	《建筑抗震设计规范》《高层建筑混凝土结构技术规程》和《高层民用建筑钢结构技术规程》暂未列入的其他高层建筑结构，特殊形式的大型公共建筑及超长悬挑结构，特大跨度的连体结构等
2	大跨屋盖建筑	空间网格结构或索结构的跨度大于 120m 或悬挑长度大于 40m，钢筋混凝土薄壳跨度大于 60m，整体张拉式膜结构跨度大于 60m，屋盖结构单元的长度大于 300m，屋盖结构形式为常用空间结构形式的多重组合、杂交组合以及屋盖形体特别复杂的大型公共建筑

注：表中大型公共建筑的范围，可参见现行《建筑工程抗震设防分类标准》GB 50223。

1.2　高层建筑结构抗震分析方法

我国处于环太平洋地震带和欧亚地震带之间，地震灾害频发。由于地震作用持时短、破坏力大，可能导致工程结构发生破坏，造成巨大的人员伤亡和经济损失，因此地震作用对高层建筑的影响不容忽视（图1-2）。为提升高层建筑抵御地震灾害的能力和韧性，应建立高层建筑结构的抗震分析方法，对高层建筑结构进行抗震分析与设计。高层建筑结构抗震设计方法主要包括线性分析方法和非线性分析方法，对于超限高层建筑结构则应采用性能化抗震设计方法。

(a) 竖向收进高层结构破坏

(b) 剪力墙结构倒塌

图1-2　地震作用下高层建筑结构震害

1.2.1　建筑结构地震效应

建筑结构地震效应是结构在地震作用下产生的动力响应，取决于地震动和结构特性。地震动特性可以通过振幅、频谱特性和持时三个要素进行描述；结构动力特性指结构的周期、振型、阻尼等。

1. 地震动特性

地震动振幅可以是地震动的加速度、速度、位移三者之一的峰值、最大值或某种有意义的有效值。频谱特性是指地震动的主要周期和频率成分，对结构反应有重要影响，如地震中的频谱集中于低频，将会增大长周期结构的响应。

地震动持时对建筑结构地震反应有明显影响，可使线性体系的地震反应出现较高反应峰值的概率增加。地震动持时对地震反应的影响主要体现在非线性反应阶段，在砂土液化现象中有时起到决定性作用，导致结构因地基失效而破坏。

2. 结构动力特性

结构周期和振型是结构的固有特性，反映了结构的动力学性质，当结构固有周期和地震动周期相等时就会产生共振，从而加大结构的地震反应。结构振动是若干个基本振型的叠加，由于高频衰减较快，计算中可以取一定数量振型进行计算。结构阻尼反映了结构耗散能量的能力，结构阻尼较大时能很好地消耗地震力，从而减轻结构的地震反应，所以可通过加大结构阻尼以减轻结构的地震作用。另外，结构性能化抗震设计采用的等效弹性分析方法，也是通过调整结构附加阻尼比考虑地震作用下构件开裂等引起的结构刚度退化。

1.2.2 结构抗震分析方法

1. 线性分析方法

1）振型分解反应谱法

振型分解反应谱法是多遇地震作用下结构分析的主要方法。单自由度体系地震动力方程可通过杜哈梅积分进行求解。对于多自由度体系的地震反应方程，可以通过振型正交解耦为若干个独立的基本振型叠加，每个独立基本振型的反应又可用单自由度的反应谱法求解，再根据线性体系叠加原理对各个振型进行组合，从而得到多自由度体系的地震反应。

2）时域分析法

在进行结构动力方程求解时，可将加速度时程曲线划分为若干个时段并对运动方程直接进行数值积分得到，分析方法包括纽马克线性加速度法和威尔逊-θ 法等。结构抗震设计时，弹性时程分析一般取七条地震波分析结果的平均值。

3）频域分析法

对于线性体系，采用叠加原理获得的时域和频域解是完全等价的。对依赖于频率参数的线性结构体系，采用频域分析方法更为合理，如土-结构相互作用。频域分析是通过快速傅里叶变换对荷载进行频域离散，从而求解得到结构频域解，再利用傅里叶变换求结构反应的时域解。

4）线性随机地震反应分析法

确定性分析方法将地震作用看作时间的确定函数，然而地震动是取决于许多复杂因素的随机过程，并非确定的时间波形，所以结构地震反应也是一个随机过程。采用结构随机振动反应分析，即把地震波及结构反应各个时刻值看成分散的随机变量，得到一定安全可靠度下的设计值。

2. 非线性分析方法

1）非线性时程分析方法

非线性时程分析方法是将时间划分为许多足够小的步长，前一步所得到的结果为本步长计算的初步条件，根据结构运动方程求得本步长末的结构反应[13-18]。对于非线性体系，运动方程中刚度是速度和加速度的函数，而不再是常数，因此每步需要重新计算，即增量法。非线性时程分析需要考虑几何非线性和材料非线性。

2）静力推覆分析方法

静力推覆分析方法是将地震作用等效成侧向静力荷载，逐步施加到结构，从而获得结构从弹性到出现裂缝直至最后倒塌的全过程反应。静力推覆分析方法假定结构反应可以等效为单自由度体系的反应，其关键是目标位移确定和侧向力模式合理选择[19]。

3）地震易损性分析方法

结构地震易损性表示在不同强度地震作用下结构需求超过特定破坏状态的概率，地震易损性分析方法是一种基于概率的结构抗震性能评估方法，可从概率意义上描述地震动强度与结构破坏状态之间的关联性[20-22]。

1.2.3　结构性能化抗震设计方法

为确保超限高层建筑结构的抗震安全，应采用性能化抗震设计方法进行抗震分析与设计。高层建筑结构性能化抗震设计时，应根据其抗震设防类别、设防烈度、场地条件、结构类型和不规则性、结构方案的特殊性、建筑使用功能和附属设施功能的要求、投资大小、震后损失和修复难易程度等，选用适宜的结构和构件抗震性能目标，在技术和经济可行的前提下进行综合分析和论证，并采取满足预期抗震性能目标的措施。性能目标即为对应于不同地震动水准的预期损坏状态或使用功能，设定的结构性能目标应不低于现行《建筑抗震设计规范》GB 50011规定的基本设防目标。

不同抗震性能水准下预期的结构损坏程度对应的结构构件承载力验算可按下列规定进行[1,10-12]：

Ⅰ—完好、无损坏。即满足地震作用调整后效应下构件弹性设计要求，结构构件的承载力按考虑地震效应调整的设计值复核；在中、大震计算时，应采用对应于抗震等级而不计入风荷载效应的地震作用效应基本组合。结构构件的抗震承载力应符合下式要求：

$$\gamma_G S_{GE} + \gamma_E S_{Ek} \leqslant R/\gamma_{RE} \tag{1-1}$$

Ⅱ—基本完好。即满足作用效应下构件弹性设计要求，结构构件的承载力按不考虑地震效应调整的设计值复核，应采用不计风荷载效应的地震作用效应基本组合。结构构件的抗震承载力应符合下式要求：

$$\gamma_G S_{GE} + \gamma_E S_{Ek}^* \leqslant R/\gamma_{RE} \tag{1-2}$$

Ⅲ—轻度损坏。即满足作用效应下构件不屈服设计，结构构件的承载力按地震效应标准值复核，应采用不计风荷载效应的地震作用效应标准组合。结构构件的抗震承载力应符合下式要求：

$$S_{GE} + S_{Ek}^* \leqslant R_k \tag{1-3}$$

Ⅳ—中度损坏。即满足作用效应下结构安全设计要求，结构构件按极限承载力复核，同时竖向构件需满足抗剪截面限制条件式（1-5）。应采用不计风荷载效应的地震作用效应标准组合。结构构件的抗震承载力应符合下式要求：

$$S_{GE} + S_{Ek}^* \leqslant R_u \tag{1-4}$$

Ⅴ—比较严重损坏。结构构件已破坏，但需满足以下截面限制条件：

$$V_{GE} + V_{Ek}^* \leqslant 0.15 f_{ck} b h_0 \tag{1-5}$$

式中，R、R_k分别为结构构件的承载力设计值、标准值；R_u为结构构件的极限承载力，按材料最小极限强度计算，钢材强度可取最小极限值，钢筋强度可取屈服强度的1.25倍，混凝土强度可取立方强度的0.88倍；S_{GE}为重力荷载代表值的效应；S_{Ek}为根据抗震等级乘以相应的调整系数后的地震作用（包括水平和竖向地震）标准值的效应；S_{Ek}^*为地震作用（包括水平和竖向地震）标准值的效应；V_{GE}为重力荷载代表值作用下的构件剪力；V_{Ek}^*为地震作用标准值的构件剪力，不考虑与抗震等级有关的增大系数；γ_G为重力荷载分项系数；γ_E为地震作用分项系数；γ_{RE}为承载力抗震调整系数。

结构抗震性能目标应综合考虑抗震设防类别、设防烈度、场地条件、结构的特殊性、建造费用、震后损失和修复难易程度等各项因素选定。结构抗震性能目标可分为 A、B、C、D、E 五个等级（表 1-6），每个性能目标均与一组在指定地震地面运动下的结构抗震性能水准相对应[11-12]。

结构抗震性能目标所对应的性能水准 表 1-6

地震水准	性能目标			
	A	B	C	D
多遇地震	1 （完好）	1 （完好）	1 （完好）	1 （完好）
设防地震	1 （完好）	2 （基本完好）	3 （轻度损坏）	4 （中度损坏）
罕遇地震	2 （基本完好）	3 （轻度损坏）	4 （中度损坏）	5 （较严重损坏）

各抗震性能水准下，结构预期的震后性能状况应满足表 1-7 的要求。

各性能水准结构预期的震后性能状况 表 1-7

抗震性能水准	宏观损坏程度	损坏部位			继续使用的可能性
		关键构件	普通竖向构件	耗能构件	
1	完好	无损坏	无损坏	无损坏	一般不需修理即可继续使用
2	基本完好	无损坏	无损坏	轻度损坏	稍加修理即可继续使用
3	轻度损坏	轻度损坏	轻度损坏	轻度损坏、部分中度损坏	一般修理后才可继续使用
4	中度损坏	轻度损坏	部分构件中度损坏	中度损坏、部分比较严重损坏	修复或加固后才可继续使用
5	比较严重损坏	中度损坏	部分构件比较严重损坏	比较严重损坏	需排险大修

注：1. 关键构件——该构件的失效可能引起结构的连续破坏或危及生命安全的严重破坏的构件。例如：底部加强部位的重要竖向构件、水平转换构件及与其相连的竖向支承构件、大跨连体结构的连接体及与其相连的竖向支承构件、大悬挑结构的主要悬挑构件、加强层伸臂和周边环带结构的竖向支撑构件、承托上部多个楼层框架柱的腰桁架、长短柱在同一楼层且数量相当时该层各个长短柱、扭转变形很大部位的竖向（斜向）构件、重要的斜撑构件等；

2. 普通竖向构件——"关键构件"之外的竖向构件；

3. 耗能构件——包括框架梁、剪力墙连梁及耗能支撑等非竖向承重构件；

4. 比较严重损坏——多数承重构件损坏但不倒塌。

由于高层建筑结构的不规则性等特征，中震和大震作用下复杂高层建筑结构的损伤机理复杂，对复杂超限高层建筑结构应进行性能化抗震分析与设计。为确保复杂超限高层建筑结构的抗震安全，应考虑大高宽比、竖向不对称收进等因素的影响，采用性能化抗震设计方法对超限高层建筑结构进行抗震设计，以提高我国复杂超限高层建筑结构的抗震能力及韧性。

参 考 文 献

[1] 住房和城乡建设部. 高层建筑混凝土结构技术规程：JGJ 3—2010 [S]. 北京：中国建筑工业出版

社，2010.

[2] 汪大绥，包联进. 我国超高层建筑结构发展与展望 [J]. 建筑结构，2019，49（19）：11-24.

[3] 肖从真，李建辉，李寅斌，等. 超高层建筑在中国的实践与发展 [C] //中国土木工程学会. 中国土木工程学会 2020 年学术年会论文集. 北京：中国建筑工业出版社，2020：1-13.

[4] HUANG X, LV Y, CHEN Y, et al. Performance-based seismic design of the outrigger of a high-rise overrun building with vertical setback in strong earthquake area [J]. The Structural Design of Tall and Special Buildings，2021，30（5）：e1834.

[5] LI J, LV J Q, SIVAKUMAR V, et al. Shear strength of stiffened steel shear walls with considering the gravity load effect through a three-segment distribution [J]. Structures，2021，29：265-272.

[6] 黄信，胡雪瀛，黄兆纬，等. 强震下高层剪力墙结构抗震性能与抗倾覆分析 [J]. 工程抗震与加固改造，2020，42（4）：1-9.

[7] 黄信，朱旭东，胡雪瀛，等. 不对称收进框架-核心筒-伸臂高层结构抗震性能分析与设计 [J]. 建筑结构学报，2020，41（s2）：349-356.

[8] HUANG X. Seismic Mitigation efficiency study of the coupling beam damper in the shear wall structure [J]. Civil Engineering Journal，2021，30（1）：17-29.

[9] 黄信，朱旭东，赵宇欣，等. 高烈度区超限结构减震效果及子结构性能分析 [J]. 工程抗震与加固改造，2019，41（6）：105-112，99.

[10] 住房和城乡建设部. 超限高层建筑工程抗震设防专项审查技术要点 [S]. 2015.

[11] 天津市城乡建设委员会. 天津市超限高层建筑工程设计要点 [M]. 天津：天津大学出版社，2012.

[12] 住房和城乡建设部. 建筑抗震设计规范：GB 50011—2010 [S]. 北京：中国建筑工业出版社，2016.

[13] 黄信，李毅，朱旭东，等. 强震下竖向不对称收进高层结构损伤分析 [J]. 工业建筑，2020，50（6）：79-84.

[14] 吕杨. ANSYS/LS-DYNA 建筑抗震弹塑性分析及二次开发 [M]. 北京：科学出版社，2017.

[15] 黄信，谭成松，陈宇，等. 强震作用下机场高耸塔台结构抗震性能分析 [J]. 地震工程学报，2022，41（1）：36-45.

[16] 黄兆纬，黄信，胡雪瀛，等. 津湾广场 9 号楼超限高层结构巨柱节点区域非线性分析 [J]. 建筑结构，2014，44（2）：48-52.

[17] 黄信，赵宇欣，黄兆纬，等. 罕遇地震下天津湾某塔楼抗震性能分析 [J]. 建筑科学，2017，33（9）：84-90.

[18] 李忠献，徐龙河. 高层建筑结构地震损伤分析与控制 [M]. 北京：科学出版社，2018.

[19] 黄信，李毅，齐麟，等. 高耸塔台结构抗震性能及推覆模式影响分析 [J]. 工程抗震与加固改造，2022，44（2）：26-32，47.

[20] 周颖，苏宁粉，吕西林. 高层建筑结构增量动力分析的地震动强度参数研究 [J]. 建筑结构学报，2012，34（2）：53-60.

[21] 郑山锁，张艺欣，秦卿，等. RC 框架核心筒结构的地震易损性研究 [J]. 振动与冲击，2016，35（23）：106-113.

[22] 周长东，田苗旺，张许，等. 考虑多维地震作用的高耸钢筋混凝土烟囱结构易损性分析 [J]. 土木工程学报，2017，50（3）：54-64.

第2章　高层建筑结构非线性分析方法

高层建筑结构体型庞大，很难通过试验方法评估结构整体抗震性能，数值计算是一种效率高、成本低的评估方法，但评估方法的有效性取决于数值模型的计算精度。为了开展复杂超限高层建筑结构的非线性损伤分析，应对材料本构模型、构件单元模型及非线性数值分析进行研究，从而确立强震作用下复杂高层建筑结构非线性损伤分析方法，揭示复杂高层建筑结构强震损伤及性能劣化机理。本章主要介绍材料非线性本构模型、单元模型及结构非线性分析方法。

2.1　材料非线性本构模型

2.1.1　混凝土本构模型

混凝土本构模型主要分为弹性本构模型和塑性本构模型，弹性本构仅适用于混凝土受载初始阶段；当材料出现非线性行为后应采用塑性本构。材料损伤是导致应力-应变关系非线性和不可逆变形的主要原因[1]。混凝土材料的性能在很大程度上取决于其内部微裂缝，在荷载作用下混凝土内部的微裂缝会扩展和汇合，最后形成宏观裂缝，导致强度、刚度等性能的劣化甚至材料破坏，即材料发生损伤。许多研究者基于连续介质力学和不可逆热力学，在本构模型中引入损伤变量表征微观缺陷对材料宏观力学性质的影响，构造带有损伤变量的本构模型描述混凝土材料的性能[2-9]。Lee 等[3] 建立损伤塑性连续本构并对混凝土坝进行地震响应分析，该本构能够很好地描述混凝土材料的应变软化、刚度退化及恢复等特性。Peter[4] 基于有效应力和塑性应变建立了考虑混凝土失效的三轴损伤塑性本构，并应用于钢筋混凝土柱的分析。Ludovic 等[5] 基于各向同性损伤和受压屈服塑性面建立了损伤弹塑性本构，并利用试验对本构模型进行了验证。张劲等[7] 基于 ABAQUS 软件对 Lee 等建立的混凝土损伤塑性模型参数的确定进行了研究。方秦等[8] 也利用 ABAQUS 软件验证了 Lee 等建立的损伤塑性模型在分析混凝土材料和构件静力性能的有效性。黄信等[9-11] 采用损伤塑性本构模型对高层建筑结构进行强震损伤分析，明确了强震作用下结构核心筒等关键构件的损伤发展机理。李忠献等[12-14] 分析表明采用材料损伤本构模型加权组合得到结构损伤准则的方法是可行的，结构失效模式优化应重点考虑目标函数与优化过程的相关性。

损伤塑性本构模型可以描述在受拉和受压下的刚度退化、滞回荷载作用下的刚度恢复以及应变率的影响[3,9-10,15-21]。

1. 应力-应变关系

通过修正初始弹性刚度考虑材料受力后发生的损伤，建立应力-应变关系为：

$$\sigma=(1-d)D_0^{\mathrm{el}}:(\varepsilon-\varepsilon^{\mathrm{pl}})=D^{\mathrm{el}}:(\varepsilon-\varepsilon^{\mathrm{pl}}) \tag{2-1}$$

式中，D_0^{el} 为初始弹性刚度；D^{el} 为损伤后的弹性刚度；d 为损伤变量；ε 为应变；$\varepsilon^{\mathrm{pl}}$ 为塑性应变。有效应力定义为：

$$\bar{\sigma}=D_0^{\mathrm{el}}:(\varepsilon-\varepsilon^{\mathrm{pl}}) \tag{2-2}$$

2. 损伤因子

混凝土材料在单轴受拉或受压作用下由于开裂或压碎产生损伤从而导致刚度下降。此时通过引入损伤因子考虑刚度下降，损伤因子表达式为：

$$d_{\mathrm{k}}=\frac{(1-\beta)\varepsilon^{\mathrm{in}}E_0}{\sigma_{\mathrm{k}}+(1-\beta)\varepsilon^{\mathrm{in}}E_0}\quad(\mathrm{k=t,c}) \tag{2-3}$$

式中，t、c 分别代表拉伸和压缩；β 为塑性应变与非弹性应变的比例系数，受压时取 0.35～0.7，受拉时取 0.5～0.95；$\varepsilon^{\mathrm{in}}$ 为混凝土拉压情况下的非弹性阶段应变；σ_{k} 为应力；E_0 为初始弹性模量。

在往复荷载作用下，混凝土材料由拉到压，由于裂缝的闭合会发生刚度恢复现象，为此引入参数 s_{t} 和 s_c，此时损伤变量表示为：

$$(1-d)=(1-s_{\mathrm{t}}d_{\mathrm{c}})(1-s_{\mathrm{c}}d_{\mathrm{t}})\quad0\leqslant s_{\mathrm{t}},s_{\mathrm{c}}\leqslant1 \tag{2-4}$$

式中，参数 s_{t} 和 s_c 为应力的函数，具体公式如下：

$$s_{\mathrm{t}}=1-\omega_{\mathrm{t}}r^*(\bar{\sigma}_{11})\quad0\leqslant\omega_{\mathrm{t}}\leqslant1$$
$$s_{\mathrm{c}}=1-\omega_{\mathrm{c}}[1-r^*(\bar{\sigma}_{11})]\quad0\leqslant\omega_{\mathrm{c}}\leqslant1 \tag{2-5}$$

式中，当 $\bar{\sigma}_{11}>0$ 时为受拉状态，此时 $r^*(\bar{\sigma}_{11})=1$；当 $\bar{\sigma}_{11}<0$ 时为受压状态，此时 $r^*(\bar{\sigma}_{11})=0$。ω_{t}、ω_{c} 为权重系数，试验得到混凝土由拉到压的过程中由于裂纹的闭合存在压缩刚度恢复现象，而由压到拉则不存在拉伸刚度恢复，所以 $\omega_{\mathrm{t}}=0$、$\omega_{\mathrm{c}}=1$。

3. 屈服条件及流动法则

通过有效应力定义屈服函数为：

$$F(\bar{\sigma},\tilde{\varepsilon}^{\mathrm{pl}})=\frac{1}{1-\alpha}(\bar{q}-3\alpha\bar{p}+\beta(\tilde{\varepsilon}^{\mathrm{pl}})\langle\hat{\bar{\sigma}}_{\max}\rangle-\gamma\langle-\hat{\bar{\sigma}}_{\max}\rangle)-\bar{\sigma}_{\mathrm{c}}(\varepsilon_{\mathrm{c}}^{\mathrm{pl}})\leqslant0 \tag{2-6}$$

式中，$\bar{p}=-\dfrac{1}{3}\bar{\sigma}:\mathrm{I}$；$\bar{q}=\sqrt{\dfrac{3}{2}\bar{S}:\bar{S}}$，$\bar{S}=\bar{p}\mathrm{I}+\bar{\sigma}$；$\alpha$ 和 β 为无量纲材料常数，且满足式（2-7）；$\beta(\tilde{\varepsilon}^{\mathrm{pl}})$ 满足式（2-8）；σ_{b0}、σ_{c0} 分别为初始等效双轴和单轴压缩屈服应力，对于混凝土材料而言，$\sigma_{\mathrm{b0}}/\sigma_{\mathrm{c0}}$ 在 1.10～1.16 之间；K_{c} 取值在 0.5～1.0 之间。

$$\alpha=\frac{\sigma_{\mathrm{b0}}-\sigma_{\mathrm{c0}}}{2\sigma_{\mathrm{b0}}-\sigma_{\mathrm{c0}}},\gamma=\frac{3(1-K_{\mathrm{c}})}{2K_{\mathrm{c}}-1} \tag{2-7}$$

$$\beta(\tilde{\varepsilon}^{\mathrm{pl}})=\frac{\bar{\sigma}_{\mathrm{c}}(\tilde{\varepsilon}_{\mathrm{c}}^{\mathrm{pl}})}{\bar{\sigma}_{\mathrm{t}}(\tilde{\varepsilon}_{\mathrm{t}}^{\mathrm{pl}})}(1-\alpha)-(1+\alpha) \tag{2-8}$$

损伤塑性模型采用非相关势流法则，表达式为：

$$\dot{\varepsilon}_{pl} = \dot{\lambda} \frac{\partial G(\overline{\sigma})}{\partial \overline{\sigma}} \tag{2-9}$$

其中流动势 G 采用 Drucker-Prager 双曲线函数：

$$G = \sqrt{(\varepsilon\sigma_{to}\tan\psi)^2 + \overline{q}^2} - \overline{p}\tan\psi \tag{2-10}$$

式中，σ_{to} 为单轴拉伸失效应力；ε 为偏心率；ψ 为膨胀角，取值一般由试验确定。

单轴应力状态下混凝土损伤因子-应变关系如图 2-1 所示。

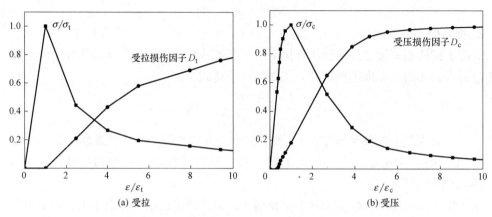

(a) 受拉　　　　　　　　　　(b) 受压

图 2-1　单轴应力状态下混凝土损伤因子-应变关系

2.1.2　钢材本构模型

钢材可采用双线性随动强化模型考虑非线性特征，借鉴美国标准 FEMA 356[22] 中塑性变形程度与构件状态关系曲线确定钢材损坏程度的指标为塑性应变，如图 2-2 所示，其中 IO 表示继续使用；LS 表示构件损伤，尚不危及生命安全，修复后可继续使用；CP 表示构件严重破坏，但构件尚能承受重力荷载而避免倒塌。

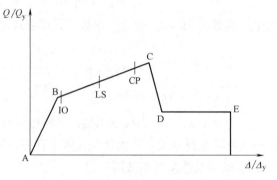

图 2-2　塑性铰广义力与广义位移关系曲线

考虑钢材或钢筋屈服后其强度并不会下降，衡量其损坏程度的主要指标是塑性应变，依据上述 FEMA 356 标准中塑性变形程度与构件状态关系，设钢材塑性应变为屈服应变的 2 倍、4 倍、6 倍时分别对应轻微损坏、轻度损坏和中度损坏三种程度，钢材屈服应变近似为 0.002，则上述三种状态的塑性应变分别为 0.004、0.008 和 0.012。

2.1.3　算例分析

1. 分析模型

某混凝土墩体为实心矩形截面，截面尺寸为 4m×5m，墩高为 40m，采用瑞雷（Rayleigh）阻尼。混凝土墩体模型采用实体单元 C3D8R，该单元为三维实体单元包含减缩积分，钢筋采用 T3D2 单元模拟。图 2-3 所示为钢筋混凝土墩体模型。

混凝土弹性模量为 $2.65 \times 10^{10} \mathrm{Pa}$，密度为 $2400 \mathrm{kg/m^3}$，泊松比为 0.17；塑性参数如表 2-1 所列，损伤因子与非弹性应变关系见文献 [8]，其中拉伸恢复系数为 0，压缩恢复系数为 1。钢筋弹性模量为 $2.10 \times 10^{11} \mathrm{Pa}$，屈服应力为 $335 \mathrm{MPa}$，泊松比为 0.3，纵筋直径为 $20 \mathrm{mm}$，箍筋直径为 $10 \mathrm{mm}$，间距为 $200 \mathrm{mm}$。

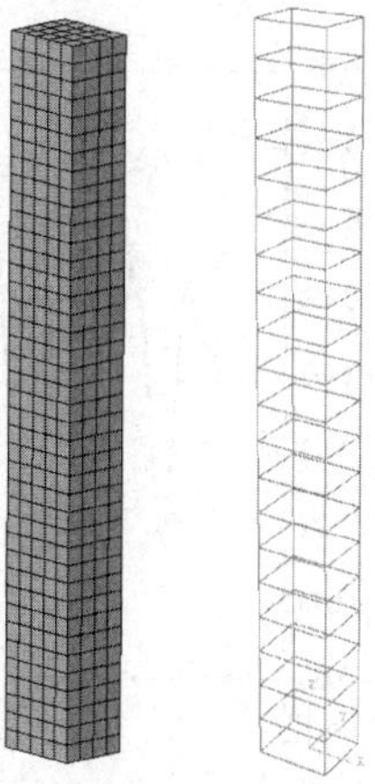

(a) 墩体　　(b) 钢筋

图 2-3　钢筋混凝土墩体模型

混凝土材料塑性参数　　表 2-1

参数	膨胀角 ψ	偏心率 ε	屈服应力比 σ_{b0}/σ_{c0}	屈服常数 K_c	黏性系数 u
数值	15°	0.1	1.16	0.6667	0

2. 墩体损伤发展

混凝土分别采用弹性本构、塑性本构和损伤塑性本构，其中塑性模型不考虑材料刚度退化；利用天津波（1976 年，EW 方向）和 El-Centro 波（1940 年，EW 方向）的加速度时程进行地震激励，加速度峰值取 $0.1g$ 和 $0.2g$；分析混凝土采用不同本构模型时墩体地震响应的差异。计算得到墩体的墩底应力和墩顶相对位移幅值如表 2-2 所列，墩底应力为 Mises 应力。

地震作用下墩体墩底应力和墩顶相对位移幅值　　表 2-2

地震波（幅值）		应力（MPa）			位移（mm）		
		弹性	塑性	损伤塑性	弹性	塑性	损伤塑性
El-Centro 波	0.1g	4.30	5.81	6.05	50.7	48.4	53.0
	0.2g	7.76	8.39	8.22	101.4	140	127.7
天津波	0.1g	8.66	7.26	9.07	107.5	101.8	102.3
	0.2g	16.53	6.81	7.64	216.1	168.8	189.0

可知，在 El-Centro 波激励下，加速度峰值无论是 $0.1g$ 还是 $0.2g$，混凝土分别采用弹性本构和损伤塑性本构时，墩体结构的应力和位移响应存在明显差异，如采用弹性本构时墩底应力为 $4.30 \mathrm{MPa}$，采用塑性本构时墩底应力为 $5.81 \mathrm{MPa}$，采用损伤塑性本构时墩底应力为 $6.05 \mathrm{MPa}$。同样，对于天津波也可以得到类似结果。由于所选两条地震波频谱特性不同，所以计算结果存在差异。对于分析结构而言，天津波作用对墩体结构的作用较大，使墩体塑性发展更大。

图 2-4 给出了墩体在 El-Centro 波作用下，混凝土采用 3 种不同本构时墩顶的相对位移时程。

可知，加速度幅值为 $0.1g$ 时，混凝土采用 3 种本构计算的墩体位移时程差别较小；而当加速度幅值为 $0.2g$ 时，采用 3 种本构计算所得的墩体位移时程差别较为明显。这是因为在峰值 $0.2g$ 的强震作用下，墩体混凝土材料进入非线性，此时如果仍按弹性本构进行分析则会得到不合理的结构动力响应结果，所以结构进入非线性时应采用塑性本构描述材料的力学性能。从图 2-4（b）中还可以看出，塑性本构和损伤塑性本构下的墩体位移时程也存在一定的差别，这主要是相对塑性本构而言，损伤塑性本构可以考虑混凝土材料

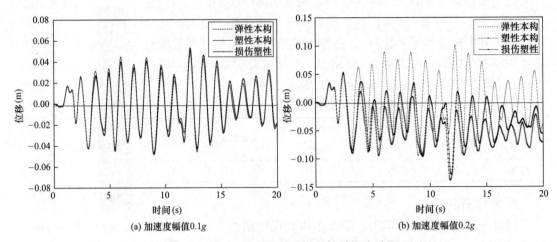

(a) 加速度幅值0.1g   (b) 加速度幅值0.2g

图 2-4　El-Centro 波作用下墩顶相对位移时程

在受力过程中的刚度退化以及往复荷载作用下的刚度恢复的特性。

图 2-5 分别给出了 El-Centro 波作用下墩体拉伸破坏变量和刚度退化变量，其中拉伸破坏变量代表了墩体的破坏情况，而刚度退化变量代表了混凝土的开裂情况，地震波加速度峰值为 0.2g。

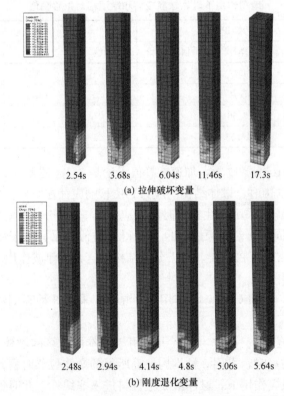

2.54s   3.68s   6.04s   11.46s   17.3s

(a) 拉伸破坏变量

2.48s   2.94s   4.14s   4.8s   5.06s   5.64s

(b) 刚度退化变量

图 2-5　El-Centro 波作用下墩体拉伸破坏变量和刚度退化变量

从图 2-5（a）可以看出，拉伸破坏变量的大小随着材料的拉伸破坏只增不减；从图 2-5（b）可以看出，刚度退化变量的大小随着裂纹的开合情况是有增有减的，反映了混凝土结构刚度自我恢复的性质。所以，损伤塑性本构可以较好地描述混凝土材料在动力荷载作用下的损伤发展。

3. 本构模型参数影响

为进一步研究损伤塑性模型，需分析损伤塑性模型中的膨胀角、K_c 和 σ_{b0}/σ_{c0} 等参数取值对墩体地震响应的影响；分别利用 El-Centro 波和天津波加速度时程进行地震激励，加速度峰值取 0.2g；分别改变本构模型中相应参数取值，以分析其对墩体地震响应的影响。表 2-3 给出了本构模型参数不同取值时计算得到的桥梁结构动力响应。

本构模型参数不同取值时的墩体墩底应力和墩顶相对位移幅值　　　　表 2-3

动力响应		$\psi=15°,\varepsilon=0.1,$ $\sigma_{b0}/\sigma_{c0}=1.16,$ $K_c=0.6667$	$\psi=30°,\varepsilon=0.1,$ $\sigma_{b0}/\sigma_{c0}=1.16,$ $K_c=0.6667$	$\psi=15°,\varepsilon=0.1,$ $\sigma_{b0}/\sigma_{c0}=1.1,$ $K_c=0.6667$	$\psi=15°,\varepsilon=0.1,$ $\sigma_{b0}/\sigma_{c0}=1.16,$ $K_c=0.9$
El-Centro 波	应力（MPa）	8.22	8.08	8.21	8.22
	位移（mm）	127.7	120.3	127.9	128.0
天津波	应力（MPa）	7.64	7.91	7.66	7.64
	位移（mm）	189.0	187.5	189.4	189.2

从表 2-3 可以得到，在 El-Centro 波作用下，损伤塑性本构中的膨胀角变化会对墩体的动力响应产生一定的差异，而 σ_{b0}/σ_{c0} 和 K_c 值的变化对墩体结构动力响应的影响并不明显，如参数默认取值情况下，墩底应力为 8.22MPa，而当膨胀角为 30° 时墩底应力为 8.08MPa，应力比为 1.1 时墩底应力为 8.22MPa，$K_c=0.9$ 时墩底应力为 8.22MPa。同样，对于天津波作用也可以得到类似结论。

通过分析可知，损伤塑性模型可以获得墩体结构破坏和开裂的发展过程，从而能够较好地描述结构在动力荷载作用下的刚度退化及损伤演化过程；损伤塑性模型中膨胀角取值对墩体结构动力计算结果有一定的影响，而 σ_{b0}/σ_{c0} 和 K_c 的取值对结构动力计算结果的影响不明显。

2.2　构件单元模型

2.2.1　杆系单元

高层建筑结构杆件主要为梁、柱、剪力墙和楼板。由于梁、柱构件截面尺寸相对其长度而言较小，所以采用杆系模型进行模拟，对整体结构的计算时间成本较低。杆系模型分析方法按单元刚度矩阵的形成主要分为基于构件、基于截面和基于材料的恢复力模型。基于杆件的恢复力模型是直接给出杆端力-杆端位移之间的关系，进而对结构进行非线性分析，该恢复力模型较为直观，仅适用于构件受力明确的特定结构；基于截面的恢复力模型首先给出截面的弯矩-曲率和轴力-轴向应变关系，然后积分获得杆端力-杆端位移之间的关系，如集中塑性铰模型；基于材料的恢复力模型主要是通过建立混凝土和钢材的非线性本构模型，由材料应力-应变关系积分获得截面行为，再由截面行为积分获得杆端力-杆端位移之间的关系，进而模拟结构在地震作用下的非线性受力特征，如纤维模型。

2.2.2　剪力墙单元

剪力墙和楼板常采用分层壳单元进行模拟，采用四边形或者三角形减缩积分单元，模型中可以考虑剪力墙和楼板的配筋。分层壳单元通过划分为多层，每层布置不同的厚度和材料特性以分别模拟混凝土和钢筋。采用弹塑性损伤模型本构，可以模拟楼板与剪力墙进入非线性阶段的状态，所以分层壳元可以较好地模拟剪力墙或楼板的非线性特征。同样，可采用多垂直杆单元模型模拟剪力墙，剪力墙的弯曲和轴向刚度由垂直杆件代表的弹簧模拟，而剪切刚度由水平弹簧模拟。

为提高复杂高层建筑结构非线性分析的计算效率，结构非线性分析中可以不考虑楼板的非线性特征，但对高层建筑中转换层等受力复杂楼层的楼板应考虑非线性特征。

2.2.3　实体单元

复杂高层建筑结构的杆件尺度较大，导致节点处多杆件交汇、受力复杂，结构整体非线性分析中采用杆系模型模拟梁、柱构件，从而无法准确模拟复杂节点区域的受力性能。为确保复杂高层建筑结构的抗震安全，应对关键节点区域进行精细化数值分析，在有限元数值分析中，应对节点区域采用实体单元进行模拟。相对杆系单元而言，实体单元可以较为详细地模拟构件的截面形状，通过非线性数值分析可以较为直观地模拟出节点和构件内力在截面和高度方向的分布，同时可以分析复杂荷载作用下构件刚度退化等性能。

2.3　结构非线性分析方法

2.3.1　非线性时程分析方法

非线性时程分析方法属于直接动力分析方法，该方法是将完整的地震波直接输入结构体系，模拟建筑结构受地震作用的过程，精确反映结构在地震作用下的动力响应，从而得到结构的塑性损伤发展情况。在非线性时程分析过程中，材料采用非线性本构模型。结构的动力学方程表达如式（2-11）所示，可采用显式计算方法对结构非线性动力方程进行求解。

$$M\ddot{u} + C\dot{u} + Ku = -M\ddot{u}_g \qquad (2\text{-}11)$$

式中，u 为节点位移向量；M 为质量矩阵；C 为阻尼矩阵；K 为刚度矩阵；$\ddot{u}_g$ 为地面运动加速度。

2.3.2　静力弹塑性分析方法

静力弹塑性分析方法也称推覆分析方法，是一种简化的非线性分析方法，能够近似模拟结构的弹塑性状态，反映结构的动力特性，显示塑性铰出现位置和顺序，从而评价结构的抗震性能。

静力弹塑性分析方法是按一定的方式给结构施加一个逐渐增大的水平侧向力，直到结构位移达到预设值或者结构发生破坏，从而得到结构基底剪力关于顶点位移的关系曲线，即推覆曲线。先将承载力-位移曲线转换为能力谱曲线，再将标准的加速度谱转换为需求谱曲线，得到能力谱-需求谱曲线，能力谱曲线与需求谱曲线的交点即为结构的性能点，通过结构性能点处结构参数对结构的抗震性能进行评价。

2.3.3 等效弹性分析方法

等效弹性分析方法是采用线性分析方法近似分析结构在强震作用下受力性能的等效分析方法，其本质属于线性分析方法。非线性分析方法可以真实再现强震作用下结构的损伤发展，但非线性分析方法无法对结构进行配筋设计，而等效弹性分析方法可以实现中震或大震作用下结构关键构件的性能化配筋分析，所以在高层建筑结构性能化抗震分析和设计中，等效弹性分析方法较为常用。等效弹性分析方法通过提高结构附加阻尼比、增大连梁刚度折减系数，以考虑强震作用下结构混凝土开裂及损伤。实际工程分析中，等效弹性分析方法中的附加阻尼比和连梁刚度折减可参考现行《高层建筑混凝土结构技术规程》JGJ 3 的条文说明进行取值。

参 考 文 献

[1] 李正，李忠献. 一种修正的混凝土弹性损伤本构模型及其应用 [J]. 工程力学，2011，28（8）：145-150.

[2] 何建涛，马怀发，陈厚群. 混凝土损伤本构理论研究综述 [J]. 水利水电科技进展，2010，30（3）：89-94.

[3] LEE J，FENVES G L. A plastic-damage concrete model for earthquake analysis of dams [J]. Earthquake Engineering and Structural Dynamics，1998，27（9）：937-956.

[4] PETER G，MILAN J. Damage-plastic model for concrete failure [J]. International Journal of Solids and Structures，2006，43（22-23）：7166-7196.

[5] LUDOVIC J，ANTONIO H，GILLES P-C，et. al. An elastic plastic damage formulation for concrete：Application to elementary tests and comparison with an isotropic damage model [J]. Computer Methods in Applied Mechanics and Engineering，2006，195（52）：7077-7092.

[6] ZHANG J，ZHONG Z X，CHEN C Y. Yield criterion in plastic-damage models for concrete [J]. Acta Mechanica Solida Sinica，2010，23（3）：220-230.

[7] 张劲，王庆杨，胡守营，等. ABAQUS混凝土损伤塑性模型参数验证 [J]. 建筑结构，2008，38（8）：127-130.

[8] 方秦，还毅，张亚栋，等. ABAQUS混凝土损伤塑性模型的静力性能分析 [J]. 解放军理工大学学报（自然科学版），2007，8（3）：254-260.

[9] HUANG X，LV Y，CHEN Y，et al. Performance-based seismic design of the outrigger of a high-rise overrun building with vertical setback in strong earthquake area [J]. The Structural Design of Tall and Special Buildings，2021，30（5）：e1834.

[10] 黄信，朱旭东，胡雪瀛，等. 不对称收进框架-核心筒-伸臂高层结构抗震性能分析与设计 [J]. 建筑结构学报，2020，41（S2）：349-356.

[11] 黄信，赵宇欣，黄兆纬，等. 罕遇地震下天津湾某塔楼抗震性能分析 [J]. 建筑科学，2017，33（9）：84-90.

[12] LV Y，LI Z X，XU L H，et al. Equivalent seismic performance optimization of steel structures

based on nonlinear damage analysis [J]. Advances in Structural Engineering，2015，18（7）：941-958.

[13] 李忠献，吕杨，徐龙河，等. 高层钢框架结构地震失效模式优化及损伤控制研究进展 [J]. 建筑结构学报，2011，32（12）：62-70.

[14] XU L H，XIAO S J，WU Y W，et al. Seismic failure mode identification and multi-objective optimization for steel frame structure [J]. Advances in Structural Engineering，2018，21（13）：2005-2017.

[15] 王维，何丽丽，李涛涛，黄信. 基于混凝土损伤塑性本构模型的桥墩地震响应分析 [J]. 长江科学院院报，2012，29（6）：79-82＋86.

[16] 黄信，李忠献. 动水压力作用对深水桥墩地震响应的影响 [J]. 土木工程学报，2011，44（1）：65-73.

[17] 黄信，李忠献. 考虑水底柔性反射边界的深水桥墩地震动水压力分析 [J]. 工程力学，2012，29（7）：102-106.

[18] 李忠献，黄信. 地震和波浪联合作用下深水桥梁的动力响应 [J]. 土木工程学报，2012，45（11）：134-140.

[19] ABAQUS，Inc. ABAQUS theory manual（Version 6.6）. USA：ABAQUS，Inc，2006.

[20] 张剑. 弹塑性动力时程分析若干问题的分析与探讨 [J]. 工程抗震与加固改造，2011，33（5）：74-79.

[21] 王素裹，韩小雷，季静. ABAQUS 显式分析方法在钢筋混凝土结构中的应用 [J]. 科学技术与工程，2009，9（16）：4688-4692.

[22] FEMA. Prestandard and commentary for the seismic rehabilitation of buildings：FEMA 356 [S]. Federal Emergency Management Agency，Washington D. C.，USA，2000.

第3章 复杂节点精细化非线性数值分析

为满足高层建筑结构的抗侧刚度要求，高层建筑结构构件尺度较常规结构构件大；同时，为满足建筑功能要求，高层建筑结构会设置转换节点、伸臂桁架节点、巨柱节点等复杂节点，此类复杂节点交汇杆件多、受力大、连接构造及荷载传力路径复杂。复杂高层建筑结构整体分析中采用杆系模型进行分析，难以揭示复杂节点的受力性能。为确保复杂高层建筑结构的抗震安全，应对关键节点进行精细化数值分析[1-2]。

本章针对复杂高层建筑结构中的巨型钢骨混凝土柱、转换斜柱及异形转换柱，提出关键节点性能目标并开展精细化数值分析，研究复杂节点非线性受力性能；同时，采用精细化分析方法研究现浇楼板钢筋参与梁负弯矩区受力的性能。

3.1 复杂节点非线性分析方法

超限高层结构需要进行强震非线性分析[3-4]，剪力墙一般采用分层壳元进行非线性模拟，而框架结构的梁、柱构件可采用杆系模型和实体模型进行模拟[5-6]。杆系模型分析方法常用于整体结构非线性分析，杆系单元模拟的计算效率高，而实体单元可以较为准确地模拟构件受力性能。

由于计算效率等问题，在整体模型分析中采用实体单元模拟杆件的受力性能通常很难实现，因此需将节点区域从整体模型中分离出来，单独对节点区域进行精细化分析。实体模型分析方法主要是采用实体单元建立构件的有限元模型，利用材料本构模型考虑构件的非线性。相对杆系模型分析方法而言，实体模型分析方法能够对结构提供更加直接与精细化的模拟，但由于分析模型的细化，其计算代价较高。基于上述非线性分析方法的特点，高层结构非线性分析一般采用杆系模型分析方法。对于超限高层结构中的巨柱及转换桁架等关键节点区域，由于其几何尺寸较大，结构整体分析中采用杆系单元无法准确地模拟节点区域的非线性特征，而采用实体单元模拟可以较为准确地描述节点区域的受力性能，同时可以分析复杂荷载作用下构件的刚度退化等性能。

3.2 钢骨混凝土巨柱数值分析

为满足超限工程建筑立面收进要求，提出了一种内置格构式钢骨的钢骨混凝土巨柱，针对关键节点区域开展非线性精细化数值分析，分析关键节点区域在地震作用下的受力性能、混凝土损伤发展，从而确保超限工程复杂节点区域的受力安全。

3.2.1 巨柱方案

某超限高层总建筑高度为300m，地上70层。结构抗侧力体系采用钢筋混凝土核心筒-矩形钢管混凝土柱-钢框架体系。由于建筑在低层（第1~4层）区域需要大空间，第1~8层的外框架采用8根巨柱加4根角柱。第8层设置整层高的转换桁架，完成立面收进并作为建筑避难层。从第9层起，结构周边框架的柱距为4.5m，外周钢框架梁高0.95m，结构呈现出近似于筒中筒的体系特征。第58层沿结构外侧设置腰桁架，承托上部楼层的立柱，并为控制整个结构在侧向荷载作用下的变形提供一定的刚度。

为满足建筑立面收进效果，提出了一种内置格构式钢骨的巨型钢骨混凝土柱，该新型巨柱可以较好地实现建筑立面竖向收进功能要求，同时相对传统巨型钢管混凝土柱而言，该内置格构式钢骨巨型混凝土柱用钢量降低[7]。

结构底部巨柱截面尺寸为3.275m×1.5m，从第9层开始巨柱分成两根0.9m×0.9m的钢管混凝土柱。第8层为避难层，存在建筑立面收进，为疏密柱转换处，在第8层外围布置转换桁架，在外围角部区域布置短楅桁架。第8层巨柱承受上方外框柱传递的作用力，且巨柱两侧与3楅桁架相连，一侧连接1楅，另一侧连接2楅，因受力不对称，导致第8层巨柱与转换桁架交汇的节点区域受力复杂，且该部位是结构荷载传递的关键部位。巨柱的抗震设防性能目标如表3-1所列，巨柱节点位置如图3-1所示。

巨柱抗震设防性能目标　　　　　　　　　　　　　　　表3-1

抗震设防烈度	频遇地震	设防地震	罕遇地震
巨柱	弹性,特一级	弹性	不屈服

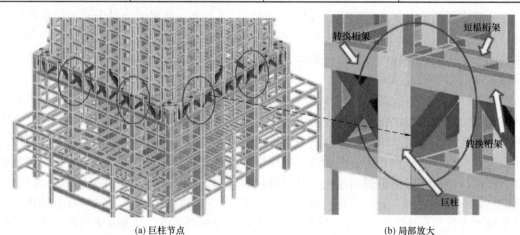

(a) 巨柱节点　　　　　　　　　　　(b) 局部放大

图 3-1　巨柱节点位置

在巨柱设计阶段考虑了3种巨柱结构形式，如图3-2、图3-3所示；巨柱及转换桁架构件尺寸见表3-2。方案1中，巨柱与转换桁架节点区域的构件布置如图3-2所示，具体做法是将位于第9层的两根钢管混凝土柱延伸至结构底部，两个钢管柱外侧为钢筋混凝土，且钢管之间用角钢连接，以增强两个钢管柱的整体性；同时，在巨柱内布置水平缀板，以增强巨柱节点区域的抗扭能力。考虑实际施工情况，第8层转换桁架上弦杆及下弦杆与巨柱连接处不浇筑混凝土；梁柱交接处布置隔板。方案 2 中，巨柱是将两矩形钢管柱间的角钢改成钢板连接，钢板局部开孔以便于外侧混凝土浇筑。方案 3 中，采用钢管混凝土巨柱，即外围钢管尺寸为 3.275m×1.5m。对 3 种结构形式的巨柱进行受力分析可知，方案 1 的巨柱形式在满足受力要求的条件下，施工方便且用钢量少。

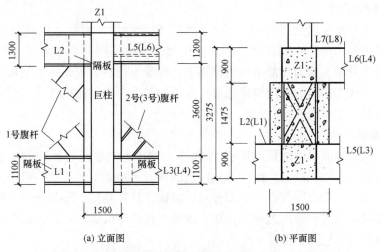

(a) 立面图　　　　　　(b) 平面图

图 3-2　巨柱与转换桁架节点区域的构件布置（方案 1）

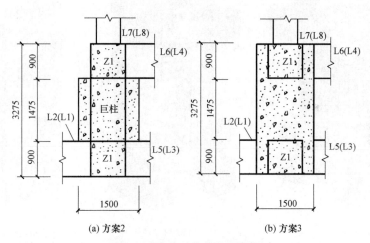

(a) 方案2　　　　　　(b) 方案3

图 3-3　巨柱对比方案平面图

巨柱及转换桁架构件尺寸　　　　　　　　　　　　　　　　表 3-2

构件编号	截面形式	尺寸(mm)	构件编号	截面形式	尺寸(mm)
巨柱	钢混凝土组合柱	1500×3275×60×50	L6	钢箱梁	900×900×60×40
Z1	钢管混凝土柱	900×900×22×22	L7	H 型钢梁	600×300×14×25
L1	钢箱梁	1300×900×60×80	L8	H 型钢梁	600×300×14×25
L2	钢箱梁	1300×900×60×80	1 号腹杆	钢箱梁	900×900×90×90
L3	钢箱梁	1300×900×60×80	2 号腹杆	钢箱梁	700×700×45×45
L4	钢箱梁	900×900×40×60	3 号腹杆	钢箱梁	800×800×40×40
L5	钢箱梁	1200×900×60×90			

3.2.2 分析模型

为分析巨柱与转换桁架交汇处节点区域受力状态，利用 ABAQUS 软件建立巨柱节点有限元模型。

1. 材料本构模型

地震作用下节点区域在进行受力分析时应考虑非线性，钢材采用理想弹塑性本构模型，混凝土采用损伤塑性本构模型[8-12]。损伤塑性本构模型可用于混凝土材料在动力荷载作用下的受力分析，认为在静水压力作用下，混凝土材料的损伤主要是由于受拉开裂和受压破碎导致。该本构模型可以描述混凝土在受拉和受压下的刚度退化、滞回荷载作用下的刚度恢复以及应变率的影响。

2. 单元模拟

巨柱节点区域的混凝土采用 C3D8R 实体单元模拟，该单元为 8 结点 6 面体线性减缩积分单元，可控制有限元沙漏。巨柱节点区域的钢管采用壳单元模拟，该单元为 4 结点曲面壳减缩积分单元，沿壳厚度有 5 个积分点，以保证计算精度。混凝土与钢管之间建立约束，从而考虑混凝土与钢管间的相互作用。混凝土强度等级为 C60，钢材采用 Q345B。建立的巨柱节点有限元模型如图 3-4 所示。

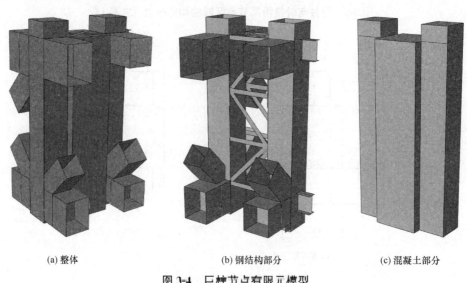

(a) 整体   (b) 钢结构部分   (c) 混凝土部分

图 3-4 巨柱节点有限元模型

3. 节点荷载

有限元模型中按照实际受力状态对巨柱节点区域进行边界约束并施加荷载，提取设防地震作用下巨柱节点在整体分析中的不利内力进行分析，最不利荷载工况组合为 $1.2(D+0.5L)+1.3SRSS+0.5E_z$，其中 D 为恒荷载，L 为活荷载，SRSS 为水平地震作用，E_z 为竖向地震作用。

3.2.3 分析结果

为了分析巨柱节点在荷载作用下的受力状态，分别对巨柱节点钢材和混凝土的应力及混凝土区域的损伤状态进行分析。

1. 钢材应力

图 3-5 给出了在不利工况荷载作用下巨柱节点的钢结构部位应力分布。从图 3-5 可以看出，巨柱节点除应力集中区域外，钢材的最大应力在 230MPa 左右，此时钢材应力状态远小于 Q345B 的屈服应力，说明巨柱节点钢材强度处于弹性状态，钢材安全有储备。同时，由于巨柱两侧桁架不对称，巨柱水平向存在扭矩作用，分析中加大了横缀板的尺寸，使其满足水平抗扭要求。

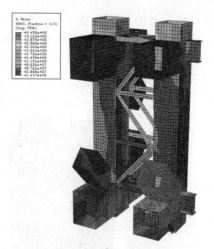

图 3-5 巨柱节点钢结构部位应力分布（MPa）

2. 混凝土应力

图 3-6 分别给出了不利工况荷载作用下巨柱节点混凝土在 X、Y、Z 三个方向的应力分布（S11、S22、S33）。从图 3-6 可以看出，X 向和 Y 向混凝土最大拉应力为 1.78MPa，最大压应力为 18.89MPa，其实际应力要小于混凝土的极限拉、压应力；Z 向（轴力作用）混凝土的最大拉应力为 2.19MPa，最大压应力为 46.6MPa，最大应力出现在 Z1 部位，Z1 为钢管混凝土柱，其混凝土为约束混凝土，计算应力小于约束混凝土的强度。上述分析说明，巨柱混凝土应力小于材料极限应力，处于弹性工作状态，混凝土安全有储备。

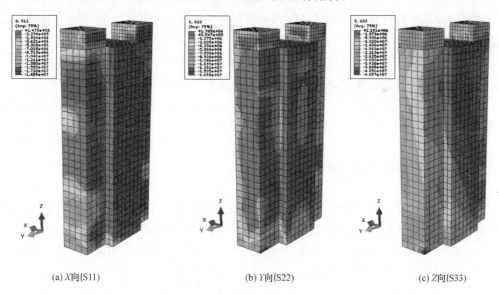

(a) X向(S11)   (b) Y向(S22)   (c) Z向(S33)

图 3-6 巨柱节点混凝土应力分布（MPa）

3. 巨柱节点损伤分析

进一步对巨柱节点核心区混凝土的受力状态进行分析。通过混凝土损伤指标分析巨柱节点核心区混凝土不同部位的受力状态。

混凝土损伤指标包括拉伸破坏变量和刚度退化变量，其中拉伸破坏变量代表混凝土结构的破坏情况；刚度退化变量代表混凝土结构的开裂情况。巨柱节点混凝土的拉伸破坏变量和刚度退化变量如图 3-7 和图 3-8 所示,初始状态无荷载时各个变量均为 0。

可以看出,巨柱节点核心区混凝土结构随着荷载的持续施加,受力状态从开始无荷载作用时的无损伤状态发展至局部混凝土损伤发展状态,但局部混凝土的损伤发展并不明显。为保证混凝土的受力安全,可通过增大配筋改善混凝土受力性能。

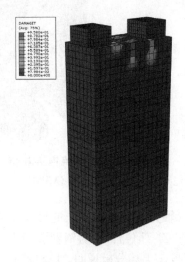 

图 3-7　拉伸破坏变量　　　　　　　　图 3-8　加载完毕时刚度退化变量

通过建立超限高层建筑结构巨柱节点的有限元非线性分析模型,对节点区域进行非线性受力分析,得到如下结论:

(1) 设计荷载作用下,巨柱节点中钢材应力小于其屈服应力,混凝土的拉、压应力小于其强度设计值,节点处于弹性状态,巨柱节点受力满足抗震性能设计要求。

(2) 巨柱顶部局部混凝土发生损伤,主要是该部位受力较大,但损伤发展不明显。

3.3　复杂转换柱数值分析

高层建筑为实现立面收进等建筑效果,常采用转换斜柱等复杂节点。转换柱受力较常规框架柱复杂,而转换柱又是复杂高层结构体系的重要传力构件,掌握荷载作用下转换柱的受力性能,对于确保高层建筑抗震安全至关重要,所以有必要针对转换柱开展精细化数值分析,研究转换构件的抗震性能。

3.3.1　转换斜柱

某复杂高层建筑在高区采用斜柱完成建筑立面转换收进(图 3-9),为提升强震作用下复杂高层建筑结构的抗震安全性能,确定设防地震作用下转换斜柱满足承载力不屈服性能水准要求。利用实体单元模拟混凝土柱体,钢板采用壳元模拟,考虑混凝土和钢板之间的接触及材料非线性特征,对斜柱关键构件开展非线性精细化数值分析(图 3-10),明确设防地震作用下转换斜柱的力学性能状态(图 3-11)。

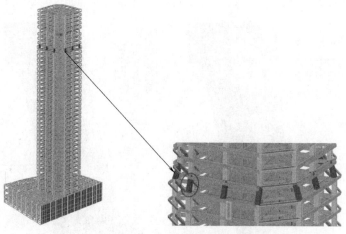

图 3-9 转换斜柱布置

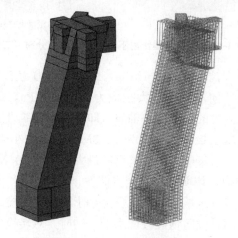

(a) 整体模型   (b) 钢筋

图 3-10 斜柱精细化有限元模型

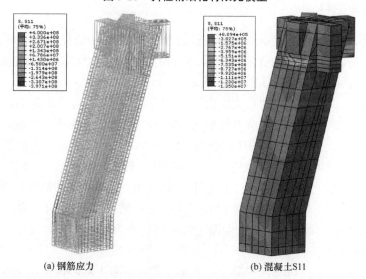

(a) 钢筋应力   (b) 混凝土S11

图 3-11 设防地震作用下转换斜柱应力分布 (一)

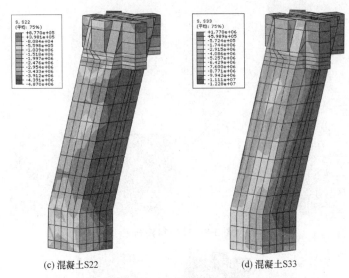

(c) 混凝土S22   (d) 混凝土S33

图 3-11　设防地震作用下转换斜柱应力分布（二）

可知，X 向混凝土最大拉应力为 0.1MPa，最大压应力为 5.4MPa，受力小于混凝土的拉、压应力的标准值；Y 向混凝土最大拉应力为 0.87MPa，最大压应力为 4.87MPa，受力小于混凝土的拉、压应力的标准值；轴向（即 Z 向）混凝土最大拉应力为 1.77MPa，除去应力集中部位外的混凝土最大压应力为 12.3MPa，受力小于混凝土的拉、压应力的标准值。同时可知，除去应力集中的区域，钢筋最大应力在 305MPa 左右，其应力状态小于 HRB400 钢筋的屈服应力，说明钢筋安全有储备。

分析表明，转换斜柱节点区域的混凝土受力小于混凝土的拉、压应力的标准值，钢筋应力小于屈服应力，斜柱满足设防地震性能水准。同时，对转换斜柱应力较大区域进行配筋加强，以改善斜柱受力复杂区域的受力性能。

3.3.2　转换异形柱

针对某复杂高层建筑采用矩形截面柱过渡至 L 形截面柱的异形柱完成建筑立面表达（图 3-12），对该高层建筑的钢管混凝土异形转换柱进行精细化非线性数值分析，设防地震作用下异形转换柱应力分布如图 3-13 所示。

可以看出，节点整体区域的最大应力为 290MPa，最大应力位于底部约束区域，主要由于应力集中造成。同时可知，应力集中区域较小，除去应力集中的区域，钢筋的最大应力在 200MPa 左右，远小于 Q345-B 钢筋的屈服应力，说明钢筋安全有储备。

可以看出，X 向混凝土最大拉应力为 1.4MPa，最大压应力为 9.9MPa，实际应力小于混凝土的极限拉、压应力；Y 向混凝土最大拉应力为 1.9MPa，最大压应力为 10.2MPa，实际应力小于混凝土的极限拉、压应力；轴向（即 Z 向）混凝土最大拉应力为 2.1MPa，除去应力集中部位外的混凝土最大压应力为 22.1MPa，实际应力小于混凝土的极限拉、压应力。

上述分析说明，节点核心区混凝土应力小于钢管混凝土核心区混凝土的极限应力，混凝土安全有储备。根据精细化数值分析结果对异形转换柱中应力较大区域的钢板进行了加

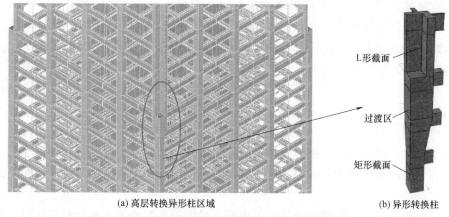

(a) 高层转换异形柱区域   (b) 异形转换柱

图 3-12   复杂高层结构钢管混凝土异形转换柱布置

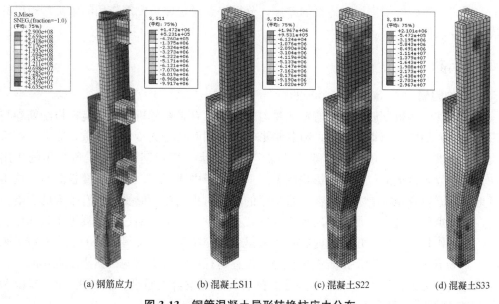

(a) 钢筋应力   (b) 混凝土S11   (c) 混凝土S22   (d) 混凝土S33

图 3-13   钢管混凝土异形转换柱应力分布

强，最终分析表明，异形转换柱节点区域满足设防地震作用下承载力不屈服性能水准。上述分析为高层建筑结构的整体抗震安全提供了技术支撑。

3.4 现浇楼板钢筋参与梁负弯矩区受力分析

抗震概念设计要求框架结构保证"强柱弱梁"，即要求柱的承载能力较梁大，从而避免柱先于梁发生破坏而导致结构倒塌。2008 年汶川地震的震害调查发现，框架结构存在"强梁弱柱"现象，其原因主要包括楼板参与框架梁受力、柱轴压比偏高及填充墙等因素[13]。现浇楼板参与框架梁受力主要包括两方面，一是现浇楼板参与框架梁正弯曲段受力，此时现浇楼板增大了框架梁受压区，现行规范通过放大框架梁刚度考虑楼板作用[3,14]；二是现浇楼板配筋参与梁负弯矩区受力，提高了框架的承载力，新西兰等国家设计规范有具体措施[15-16]，而我国规范尚无明确考虑现浇楼板配筋参与梁负弯矩区受力的措施。为确保框架结构设计的"强柱弱梁"，有必要研究现浇楼板配筋对框架梁负弯矩区受力的影响。许多研究者从不同方面研究了现浇楼板配筋对框架梁的研究。王素裹等[17]结合汶川地震的震害调查，分析了框架结构产生"强梁弱柱"的原因，重点分析了现浇楼板的影响。阎红霞等[18]研究了楼板参与梁负弯矩区受力的影响并建议楼板有效宽度取 6 倍板厚。蒋永生等[19]开展了梁与板整浇和没有板的两种钢筋混凝土框架节点的对比试验，研究表明现浇楼板提高了框架梁的承载力。然而，由于框架在水平荷载和竖向荷载作用下受力的不同，以及楼板配筋对边梁和中梁影响的差异等因素，有必要综合考虑各种因素影响，开展更为细致的研究，从而掌握现浇楼板配筋参与框架梁负弯矩端受力机理及影响范围。

本节通过建立某单层框架精细化数值模型，采用损伤塑性本构模型模拟混凝土的非线性，进行水平荷载和竖向荷载作用下的受力分析，研究楼板配筋对梁负弯矩段受力性能的影响。同时，考虑框架中梁和边梁的差异，分析得到考虑楼板配筋作用的梁负弯矩段的有效翼缘宽度取值。

3.4.1 分析方法

1. 影响因素

为确定现浇楼板配筋对梁负弯矩区受力的影响，有必要分析影响现浇楼板配筋参与梁负弯矩区受力的影响因素。首先，荷载是影响楼板钢筋参与梁负弯矩的重要原因，荷载作用决定结构进入非线性的程度，随着结构变形的加大，楼板钢筋参与梁负弯矩的作用增大。其次，梁与楼板的位置也是影响因素之一，对于中梁而言，其两侧楼板的钢筋均不同程度地参与梁负弯矩区受力。再次，直交梁的刚度对板筋参与梁受力也有很大的影响，尤其是在端节点处。直交梁是指与所计算的框架梁相垂直的梁。通过受力翼缘中板作用机理的分析可知，板参与负弯矩作用时的拉力来是由直交梁和直交梁另一边的板中的拉力来平衡的，而端节点处直交梁是抵抗板中拉力的位移途径。当直交梁的抗扭刚度较小时，楼板参与梁弯矩受力的作用增大。最后，受力板筋的锚固也至关重要，美国的 ACI 规范和加拿大 CSA 规范还对垂直于梁的横向钢筋有更为严格的构造规定。

2. 有效翼缘宽度

现有研究成果主要采用有效翼缘宽度来定量楼板配筋参与梁负弯矩受力的程度。有效翼缘宽度不是板实际参与的宽度，也不是板参与梁抗弯时所能达到的屈服宽度，而是一种计算折合宽度。

假定有效宽度范围内的楼板钢筋应变均等于梁钢筋应变，则根据有效宽度范围内楼板钢筋与梁钢筋承受的拉力之和与全板宽范围内楼板钢筋与梁钢筋承受的拉力之和等效的原则，计算出梁端截面的有效翼缘宽度。设对应某侧移值的板顶钢筋实际应力分布曲线表达式为 $f_1(x)$，板底钢筋实际应力分布曲线表达式为 $f_2(x)$，梁端矩形截面内受拉钢筋应力为 σ_s，可以得到简化后的楼板每侧有效宽度 b_f 计算式为：

$$b_f = \frac{\int f_1(x)\mathrm{d}x + \int f_2(x)\mathrm{d}x}{\sigma_s} \tag{3-1}$$

3.4.2　分析模型

为研究现浇楼板对梁负弯矩区受力的影响，建立某单层框架有限元模型，单层框架模型柱截面尺寸为 400mm×400mm，梁截面尺寸为 200mm×400mm，板厚 100mm，具体梁柱尺寸及布置如图 3-14 所示。

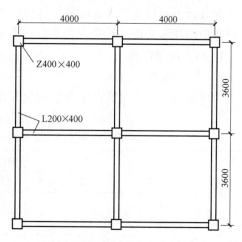

图 3-14　梁柱尺寸及布置（mm）

梁、柱、板配筋如下：柱主筋为 4Φ18，箍筋为 φ8@200/100，加密区长度为 1000mm；梁上下端均为 2Φ14，箍筋为 φ8@200/50，加密区长度为 600mm；板底双向配筋 FΦ8@200，板顶支座配筋 FΦ8@200，每边伸出 1000mm。保护层厚度为 25mm，混凝土强度等级为 C25。

梁、柱中混凝土部分采用实体单元模拟，梁、柱中的钢筋采用桁架单元模拟，建立包括纵筋和箍筋的钢筋笼。混凝土材料采用损伤塑性本构模型，模型参数如表 3-3 所列；钢筋采用理想弹塑性模型。建立的单层框架有限元模型如图 3-15 所示。

混凝土材料塑性参数　　　　　　　　　　　　　　表 3-3

参数	膨胀角 ψ	偏心率 ε	屈服应力比 σ_{b0}/σ_{c0}	屈服常数 K_c	黏性系数 u
数值	15	0.1	1.16	0.6667	0

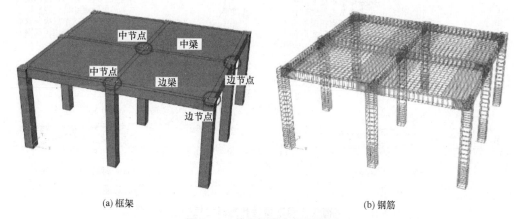

(a) 框架　　　　　　　　　　　　　　　　　　(b) 钢筋

图 3-15　单层框架有限元模型

3.4.3　分析结果

为分析楼板钢筋参与框架梁负弯矩区受力情况，分别考虑水平荷载和竖向荷载作用。对结构施加水平荷载，使结构层间位移分别达到 1/550 和 1/50，分析弹性以及弹塑性状态下结构在楼板钢筋参与梁负弯矩区的受力情况。为分析竖向荷载作用下楼板钢筋参与梁负弯矩区的受力情况，忽略楼板荷载的影响，仅对梁和柱施加荷载，其中梁荷载为 3.8kN/m，柱荷载为 1000kN。

为分析不同位置处楼板配筋参与梁负弯矩区受力的差异，将梁分为中梁和边梁；梁两侧负弯矩区依据其正交梁是否为两侧布置楼板而分为中节点和边节点。

1. 水平荷载作用

1）弹性状态

对框架施加水平荷载，框架层间位移角达到 1/550 时的框架梁纵筋和相应楼板钢筋的应力如表 3-4 所列，图 3-16 所示为楼板钢筋应力分布情况。

水平荷载作用下弹性状态时框架梁纵筋和楼板钢筋应力（MPa）　　表 3-4

应力		楼板钢筋（至梁端距离，m）									梁纵筋
		0	0.2	0.4	0.6	0.8	1	1.2	1.4	1.6	
中梁	中节点 板顶筋	29	20	8	8	2	0.5	0.5	0.3	0.02	29
	中节点 板底筋	12	5	2.5	1.5	0.4	1.3	0.4	0.8	0.1	
	边节点 板顶筋	48	32	17	9	6.5	4.6	4.6	4.5	4.5	48
	边节点 板底筋	29	17	4.5	4.5	4.1	4.1	4.3	5.2	4.8	
边梁	中节点 板顶筋	30	20	6	9	1.2	4.7	0.25	0.1	—	34
	中节点 板底筋	16	5.4	8.7	8.7	8.6	7.5	7.6	6.9	—	
	边节点 板顶筋	52	34	16	8	7.3	6.2	5.9	5.3	—	58
	边节点 板底筋	37	13	8.1	8.1	7.8	6.2	6.8	5.5	—	

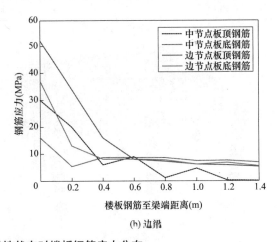

图 3-16　水平荷载作用下弹性状态时楼板钢筋应力分布

可知，楼板钢筋参与了框架梁负弯矩区的受力，其参与影响随钢筋至框架梁的距离增大而减小，如中梁中节点的板顶钢筋在距框架梁 0m 处应力为 29MPa，距框架梁 0.2m 处应力为 20MPa，距框架梁 0.4m 处应力为 8MPa。同样可以看出，现浇楼板的板顶钢筋较板底钢筋参与的作用大，如中梁中节点的板顶钢筋在距框架梁 0m 处应力为 29MPa，而梁中节点的板底钢筋在距框架梁 0m 处应力为 12MPa。通过表 3-4 可以看出，梁边节点部分的楼板钢筋参与作用较中节点大，这主要是由于边节点处直交梁仅一侧有板，其抗扭刚度小，从而楼板钢筋参与的作用增大。

为进一步确定楼板钢筋参与梁负弯矩区受力的程度，根据式（3-1）得到水平荷载作用下考虑楼板钢筋参与梁负弯矩区受力的楼板有效翼缘宽度如表3-5所列，表中 t 为楼板厚度，b 为梁宽。分析取楼板厚度为100mm；对于中梁由于两侧均有楼板，故其楼板有效宽度取为单侧的2倍。

水平荷载作用下弹性状态时楼板有效宽度　　　　　　　　　　　　　表 3-5

分析部位		单侧楼板有效宽度(mm)	楼板有效宽度取值(中梁考虑双侧楼板)
中梁	中节点	200	$4t+b$
	边节点	200	$4t+b$
边梁	中节点	200	$2t+b$
	边节点	200	$2t+b$

2）弹塑性状态

为分析框架进入弹塑性状态下楼板钢筋参与框架梁负弯矩区的受力情况，对框架结构施加水平荷载，使其层间位移角达到1/50，此时框架梁纵筋和相应楼板钢筋的应力如表3-6所列，如图3-17所示为楼板钢筋应力分布情况。

水平荷载作用下弹塑性状态时框架梁纵筋和楼板钢筋应力（MPa）　　　　表 3-6

应力			楼板钢筋(至梁端距离,m)									梁纵筋
			0	0.2	0.4	0.6	0.8	1	1.2	1.4	1.6	
中梁	中节点	板顶	27	21	7.9	6.9	7.2	6.9	7.3	7.3	8.2	27
		板底	11	10.5	3.6	4.7	5.4	5.7	6.2	6.5	7.1	
	边节点	板顶	192	242	117	72	63	53	47	43	40	192
		板底	120	113	86	73	62	54	47	43	40	
边梁	中节点	板顶	41	30	20	20	14	13	11	9.9	—	44
		板底	17	16	16	16	13	12	10	9	—	
	边节点	板顶	231	250	111	65	58	48	44	40	—	235
		板底	93	105	85	66	56	49	44	41	—	

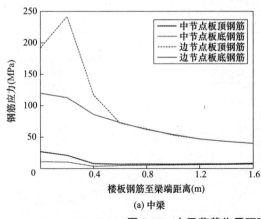
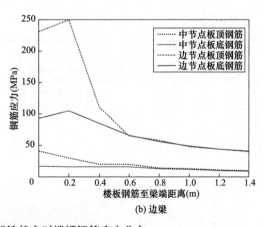

(a) 中梁　　　　　　　　　　　　　　　(b) 边梁

图 3-17　水平荷载作用下弹塑性状态时楼板钢筋应力分布

从表3-6和图3-17可知，楼板钢筋参与了框架梁负弯矩区的受力，其参与影响随配筋至框架梁的距离增大而减小，如中梁中节点的板顶钢筋在距框架梁0m处应力为

27MPa，距框架梁 0.2m 处应力为 21MPa，距框架梁 0.4m 处应力为 7.9MPa。同样可以看出，现浇楼板的板顶钢筋较板底钢筋参与的作用大，如中梁中节点的板顶钢筋在距框架梁 0m 处应力为 27MPa，而梁中节点的板底钢筋在距框架梁 0m 处应力为 11MPa。

根据式（3-1）得到水平荷载作用下考虑楼板钢筋参与梁负弯矩区受力的楼板有效翼缘宽度如表 3-7 所列。由表 3-7 可知，相对框架结构弹性状态而言，框架结构进入弹塑性状态后楼板钢筋参与框架梁负弯矩区受力的作用增大。

水平荷载作用下弹塑性状态时楼板有效宽度　　　　　　　　　　表 3-7

分析部位		单侧楼板有效宽度(mm)	楼板有效宽度取值(中梁考虑双侧楼板)
中梁	中节点	400	$8t+b$
	边节点	600	$12t+b$
边梁	中节点	400	$4t+b$
	边节点	400	$4t+b$

2. 竖向荷载作用

对框架梁施加竖向荷载，分析框架梁纵筋和相应楼板钢筋的应力分布情况，弹性状态下框架梁和楼板钢筋的应力如表 3-8 所列，图 3-18 所示为楼板钢筋应力分布情况。

竖向荷载作用下框架梁纵筋和楼板钢筋应力（MPa）　　　　　　表 3-8

应力			楼板钢筋(至梁端距离,m)								梁纵筋
			0	0.2	0.4	0.6	0.8	1	1.2	1.4	1.6	
中梁	中节点	板顶筋	5	3	5.4	2	1.1	0.6	0.4	0.4	0.5	8
		板底筋	2.7	2.8	1.9	1.6	1.4	0.5	0.3	0.2	0.1	
	边节点	板顶筋	5.3	2.4	5.1	0.9	1	0.6	0.4	0.4	0.3	7.8
		板底筋	3.8	2	1.2	1.2	1.2	1.2	0.3	0.3	0.4	
边梁	中节点	板顶筋	5.4	3.6	6.1	2.2	1.2	0.6	0.4	0.5	—	7.7
		板底筋	3	2.9	1.9	1.8	1.7	0.6	0.4	0.4		
	边节点	板顶筋	4.8	3.3	5.6	1.9	0.8	0.7	0.4	0.3	—	7.9
		板底筋	3	2.6	1.5	1.4	1.6	0.5	0.4	0.4		

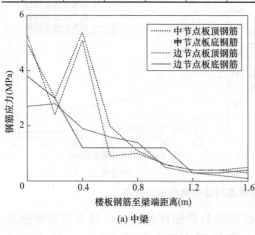

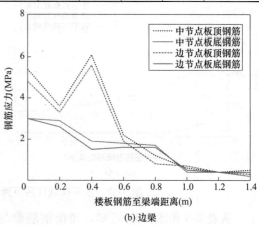

(a) 中梁　　　　　　　　　　　　　　　　　(b) 边梁

图 3-18　竖向荷载作用下楼板钢筋应力分布

从表 3-8 可知，楼板钢筋参与了框架梁负弯矩区的受力，其参与影响随配筋至框架梁的距离增大而减小；现浇楼板的板顶钢筋较板底钢筋参与的作用大。从图 3-18 可以看出楼板钢筋参与梁负弯矩区受力的分布情况。

根据式（3-1）得到竖向荷载作用下考虑楼板钢筋参与梁负弯矩区受力的楼板有效翼缘宽度如表 3-9 所列。由表 3-9 可知，竖向荷载作用下，中梁和边梁的楼板钢筋参与梁负弯矩区的受力作用较为相近。由于中梁两侧有楼板，故其有效宽度为边梁的 2 倍。

竖向荷载作用下楼板有效宽度　　　　　　　　　　表 3-9

取值位置		单侧楼板有效宽度(mm)	楼板有效宽度取值(中梁考虑双侧楼板)
中梁	中节点	200	$4t+b$
	边节点	200	$4t+b$
边梁	中节点	200	$2t+b$
	边节点	200	$2t+b$

由上述分析可知，在水平和竖向荷载作用下，现浇楼板一定范围的钢筋会参与框架梁负弯矩区的受力，在框架梁配筋时应考虑此部分楼板钢筋的作用，否则会导致梁负弯矩区承载力偏大，从而不能有效地保证"强柱弱梁"的抗震概念设计要求。同时，合理考虑现浇楼板一定范围钢筋参与框架梁负弯矩区的受力，可减小一定的钢筋用量，节约工程造价。

本节通过建立某单层现浇楼板框架数值模型，利用损伤塑性本构模型考虑混凝土非线性，考虑竖向荷载和水平荷载、结构是否进入弹塑性和梁与楼板位置等因素，分析了现浇楼板参与梁负弯矩区受力的机理，通过分析得出如下结论：

（1）水平荷载作用下，现浇楼板钢筋参与框架梁负弯矩区受力的作用随与梁距离的增大而减小，同时，楼板的板顶钢筋较板底钢筋作用大；结构进入弹塑性状态，楼板钢筋参与梁负弯矩区受力的作用较弹性状态大，且弹塑性状态下中梁处的楼板钢筋作用较边梁处大。

（2）竖向荷载作用下，现浇楼板钢筋同样参与框架梁的负弯矩区受力，此时中梁和边梁楼板参与梁负弯矩区受力的作用无明显差异。

（3）框架梁配筋时应考虑楼板钢筋的有效作用，保证"强柱弱梁"的抗震概念设计要求，同时，合理考虑现浇楼板一定范围钢筋参与框架梁负弯矩区的受力，可减小一定的钢筋用量，节约工程造价。

参 考 文 献

[1]　黄兆纬，黄信，胡雪瀛，等. 现浇楼板配筋对梁负弯矩区受力性能的影响 [J]. 土木工程学报，2013，46（S2）：93-99.

[2]　黄兆纬，黄信，胡雪瀛，等. 津湾广场 9 号楼超限高层结构巨柱节点区域非线性分析 [J]. 建筑结构，2014，44（2）：48-52.

[3]　住房和城乡建设部. 建筑抗震设计规范：GB 50011—2010 [S]. 北京：中国建筑工业出版社，2010.

[4]　住房和城乡建设部. 高层建筑混凝土结构技术规程：JGJ 3—2010 [S]. 北京：中国建筑工业出版

社，2010.

[5] 汪梦甫，周锡元. 高层建筑结构抗震弹塑性分析方法及抗震性能评估的研究 [J]. 土木工程学报，2003，36（11）：44-49.

[6] 叶列平，陆新征，马千里，等. 混凝土结构抗震非线性分析模型、方法及算例 [J]. 工程力学，2006，23（SⅡ）：131-140.

[7] 黄信，黄兆纬，胡雪瀛，等. 一种内置格构式钢骨的巨型钢骨混凝土柱：201610379058. 0 [P]. 2016-08-24.

[8] 黄信，黄兆纬，胡雪瀛，等. 地震动空间效应对大跨度桥梁非线性地震响应的影响 [J]. 震灾防御技术，2012，7（4）：384-391.

[9] 张劲，王庆扬，胡守营，等. ABAQUS混凝土损伤塑性模型参数验证 [J]. 建筑结构，2008，38（8）：127-130.

[10] LEE J，FENVES G L. A plastic-damage concrete model for earthquake analysis of dams [J]. Earthquake Engineering and Structural Dynamics，1998，27（9）：937～956.

[11] PETER G，MILAN J. Damage-plastic model for concrete failure [J]. International Journal of Solids and Structures，2006，43（22-23）：7166-7196.

[12] 黄信，李忠献. 动水压力作用对深水桥墩地震响应的影响 [J]. 土木工程学报，2011，44（1）：65-73.

[13] 叶列平，曲哲，马千里等. 从汶川地震框架结构震害谈"强柱弱梁"屈服机制的实现 [J]. 建筑结构，2008，38（11）：52-59.

[14] GB 50010—2010 混凝土结构设计规范：[S]. 北京：中国建筑工业出版社，2011.

[15] Concrete structures standard：NZS 3101 [S]. New Zealand Standards Council，2006.

[16] Building code requirements for structural concrete：ACI318-02 [S]. ACI Committee 318，2002.

[17] 王素裹，韩小雷，季静. 现浇楼板对 RC 框架结构破坏形式的影响分析 [J]. 土木建筑与环境工程，2009，31（1）：66-71.

[18] 阎红霞，杨庆山，李吉涛. 现浇楼板对钢筋混凝土框架结构在地震作用下破坏形式的影响 [J]. 振动与冲击，2011，30（7）：227-232.

[19] 蒋永生，陈忠范，周绪平，等. 整浇梁板的框架节点抗震研究 [J]. 建筑结构学报，1994，15（6）：11-16.

第4章 竖向不对称收进超限高层结构强震损伤分析

对于复杂超限高层结构应进行罕遇地震作用下的非线性分析，明确结构在罕遇地震作用下的整体受力状态，确保超高层结构的抗震安全性[1-4]。罕遇地震作用下结构分析需要考虑结构材料非线性，目前分析方法主要有静力弹塑性分析方法和非线性时程分析方法[5]。静力弹塑性分析方法是指利用结构推覆分析结果确定结构弹塑性抗震性能的方法[6-9]。弹塑性时程分析方法是一种直接基于结构动力方程的数值方法，可以得到地震作用下结构各个时刻的位移、速度和构件内力等，同时考虑地基和结构的相互作用、结构几何非线性、材料非线性、地震运动特性等因素，并且弹塑性时程分析方法不受结构高度的限制，是超高层结构非线性分析的主要方法[10-11]。由于罕遇地震作用下结构性能状态会随结构体系、结构高度、不规则性、场地条件、输入地震波等不同而有所差异，为明确结构在罕遇地震作用下的性能状态，应对具体超限工程进行弹塑性时程分析[12-15]。

本章针对竖向不对称收进超限高层结构进行强震损伤分析，提出复杂超限高层结构抗震性能目标，基于非线性分析方法建立复杂超限高层结构数值分析模型，分析强震作用下竖向不对称收进超限高层结构的损伤机理及抗震性能，为复杂超限高层结构性能化抗震设计提供依据。

4.1 高层建筑结构分析模型

采用 ABAQUS 有限元软件建立某竖向不对称复杂高层建筑结构整体数值分析模型，采用损伤塑性本构模型考虑材料非线性，利用显式直接积分算法进行了罕遇地震作用下结构非线性时程分析，分析罕遇地震作用下结构整体受力情况以及结构构件的性能状态[13]。

4.1.1 结构体系及性能目标

1. 结构体系介绍

超限高层塔楼地上主体为一栋独立塔楼。地面以上 44 层，地下 4 层，结构总高度为 197m。1~2 层为商业使用，3~4 层为会议、餐厅，首层层高 6.0m；2~4 层层高 5.1m；5 层、18 层和 33 层为避难层，其余楼层功能为办公，5 层及以上楼层层高均为 4.4m；45 层为机房层。地上建筑面积 11.3 万 m²。塔楼选用钢管混凝土框架-钢筋混凝土核心筒结构体系，楼面采用钢梁、混凝土楼板。钢管混凝土框架-钢筋混凝土核心筒结构限高为 190m，所以本结构属于高度超限高层结构。

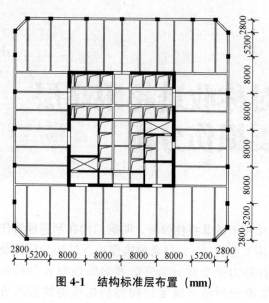

图 4-1 结构标准层布置（mm）

核心筒剪力墙的外墙厚由 800mm 渐变收进至 400mm，内部墙厚为 400mm 和 300mm，连梁高度为 2000mm 和 1600mm，厚度同剪力墙；外框柱采用钢管混凝土柱，柱截面沿楼层高度增加而减小，主要截面尺寸为 1000mm×900mm×30mm、900mm×700mm×20mm、900mm×600mm×20mm、800mm×600mm×18mm；外框梁采用 H 型钢梁，主要截面尺寸为 H900mm×400mm×20mm×26mm，楼面梁为 H550mm×350mm×16mm×28mm、H500mm×200mm×14mm×18mm。首层～18 层混凝土强度等级采用 C60，19 层～34 层采用 C50，34 层～顶层采用 C40，梁板采用 C35。钢筋采用 HRB400，对于剪力墙底部加强区采用 HRB500。钢材选用 Q345。结构标准层布置如图 4-1 所示。

2. 结构抗震性能目标

根据《超限高层建筑工程抗震设防专项审查技术要点》[3] 和《天津市超限高层建筑工程设计要点》[4]，针对本工程结构的特点和超限情况，抗震性能目标选用 D 级。结构主要抗侧力构件的抗震性能目标如表 4-1 所列，其中 V 为地震作用下构件的剪力，f_{ck} 为混凝土轴心抗压强度标准值，b 为构件的截面宽度，h_0 为构件的截面有效高度。

结构主要抗侧力构件的抗震性能目标 表 4-1

构件	小震	中震	大震
内筒外墙（底部加强区）	弹性	受弯不屈服、受剪弹性	承载力按极限值复核，但斜截面满足剪压比要求，即 $V/(f_{ck}×b×h_0)≤0.15$
内筒外墙（非底部加强区）	弹性	抗震承载力按极限值复核，斜截面满足剪压比要求	允许较多剪力墙屈服，但斜截面满足 $V/(f_{ck}×b×h_0)≤0.15$
内筒内墙	弹性	抗震承载力按极限值复核，斜截面满足剪压比要求	底部加强区承载力按极限值复核，其他部位允许较多剪力墙屈服，但斜截面满足 $V/(f_{ck}×b×h_0)≤0.15$
连梁	弹性	允许屈服，斜截面满足剪压比要求	允许屈服，允许部分连梁发生严重破坏
外框柱	弹性	受弯、受剪不屈服，斜截面满足剪压比要求	允许屈服，但斜截面满足 $V/(f_{ck}×b×h_0)≤0.15$
外框梁	弹性	允许屈服	允许屈服

4.1.2 结构非线性分析模型

1. 材料本构模型及单元选择

ABAQUS 软件中构件的损坏主要依据混凝土的受压损伤和钢材（钢筋）的塑性应变作为评定标准。混凝土采用损伤塑性本构模型[12-15]。混凝土在达到极限强度后会出现刚度退化和承载力下降，其程度通过受压损伤因子描述，损伤因子的物理意义为混凝土的刚度退化，如受压损失因子为 0.4，则表示抗压弹性模量已退化 40%。同时，损伤因子还与混凝土的剩余承载力相对应，损伤因子越大，则混凝土剩余承载力越小。钢材采用双线性随动强化模型，循环荷载作用下未考虑损伤影响。设钢材塑性应变为屈服应变的 2 倍、4 倍、6 倍时分别对应轻微损坏、轻度损坏、中度损坏三种程度，常用的 Q345 钢材屈服应变近似为 0.002。

梁、柱采用杆系单元，为考虑沿构件长度方向受力的变化，在分析过程中将每根梁划分为 5 段。楼板采用四边形或者三角形减缩积分单元进行模拟，分析过程中在厚度方向取 5 个积分点。剪力墙由多个细化混凝土壳元＋分层分布钢筋＋两端约束边缘构件组成，以承受竖向荷载和抗剪为主。结构有限元模型如图 4-2 所示。

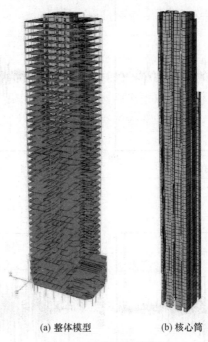

(a) 整体模型   (b) 核心筒

图 4-2 结构有限元模型

2. 弹塑性时程分析工况

非线性分析中建立两个非线性分析步对结构进行罕遇地震时程分析。首先施加重力方向荷载，包括结构自重、全部恒荷载与 0.5 倍活荷载。在第二个非线性分析步中输入地震时程作用，第一个分析步中的重力方向荷载保持不变。

采用双向地震输入，主、次方向的峰值加速度比为 1:0.85。根据《建筑抗震设计规范》GB 50011—2010[2] 的规定，将地震主方向峰值加速度调整为 310gal。采用 2 条天然波和 1 条人工波进行弹塑性时程分析，所选地震波满足《建筑抗震设计规范》第 5.1.2 条的要求。2 条天然波和 1 条人工波的波形如图 4-3 所示。

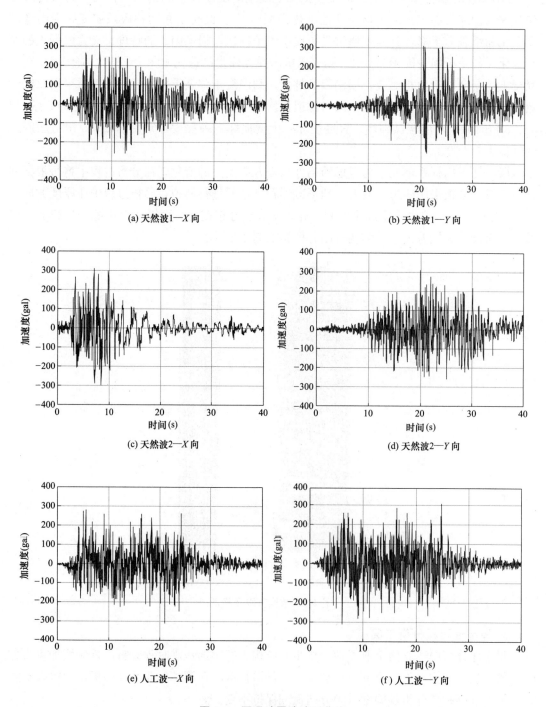

(a) 天然波 1—X 向

(b) 天然波 1—Y 向

(c) 天然波 2—X 向

(d) 天然波 2—Y 向

(e) 人工波—X 向

(f) 人工波—Y 向

图 4-3　罕遇地震波波形曲线

4.2　高层结构动力响应分析

4.2.1　结构整体响应

ABAQUS软件与YJK软件计算的结构自振周期对比，如表4-2所列。

结构前6阶自振周期（s）　　　　　　　　　　　表4-2

软件	1阶	2阶	3阶	4阶	5阶	6阶
ABAQUS	4.28	4.17	1.71	1.06	0.98	0.69
YJK	4.32	4.16	2.06	1.09	0.98	0.79

可知，ABAQUS计算的自振周期和YJK较为一致，说明ABAQUS计算模型合理。

罕遇地震作用下钢管混凝土框架-核心筒结构的楼层层间位移角如图4-4和图4-5所示。

罕遇地震作用下钢管混凝土框架-核心筒结构的最大层间位移角与基底剪力如表4-3所列。

根据《高层建筑混凝土结构技术规程》JGJ 3—2010的规定，框架-核心筒结构弹塑性层间位移角的限值为1/100。由表4-3可见，地震输入以 X 向为主时，结构主体中 X 向最大层间位移角为1/142，Y 向最大层间位移角为1/186；地震输入以 Y 向为主时，X 向最大层间位移角为1/216，Y 向最大层间位移角为1/154，本工程结构在罕遇地震作用下的弹塑性层间位移角均小于限值。同时可知，大震作用下基底剪力与小震基底剪力的最大比值为5.2，最小比值为3.52，符合罕遇地震作用与频遇地震作用下基底剪力的经验比值。

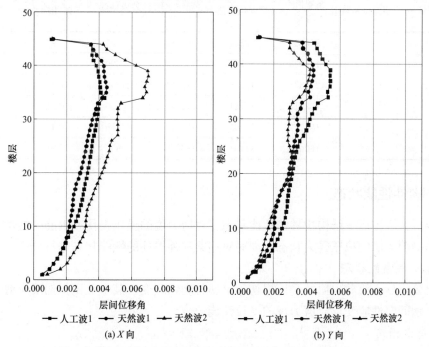

(a) X 向　　　　　　　　　(b) Y 向

图4-4　X 主向罕遇地震作用下各层最大层间位移角

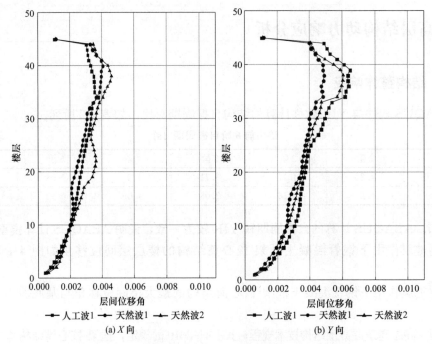

图 4-5　Y 主向罕遇地震作用下各层最大层间位移角

结构最大层间位移角与基底剪力　　　　　　　　　　　表 4-3

方向		X 主向罕遇地震作用		Y 主向罕遇地震作用		频遇地震作用下基底剪力(kN)	罕遇与频遇地震作用下基底剪力比值	
		层间位移角	基底剪力(kN)	层间位移角	基底剪力(kN)		X 主向	Y 主向
天然波1	X 向	1/224	203917	1/246	205485	41255	4.94	4.98
	Y 向	1/228	142826	1/203	161379	40600	3.52	3.97
天然波2	X 向	1/142	212875	1/216	193411	41255	5.16	4.68
	Y 向	1/237	168012	1/164	211120	40600	4.14	5.20
人工波	X 向	1/231	181779	1/265	186472	41255	4.41	4.52
	Y 向	1/186	160018	1/154	154280	40600	3.94	3.80

4.2.2　构件性能状态

为分析大震作用下结构构件的性能状态，对剪力墙的受压损伤和钢筋的塑性应变进行分析，明确剪力墙的拉压受力状态，同时对连梁和外框柱的性能状态进行分析。

1. 核心筒性能状态

主要分析核心筒剪力墙的受压损伤和钢筋的塑性应变，其中受压损伤反应剪力墙的受压性能，钢筋塑性应变反应剪力墙的受拉性能。

1) 受压损伤

图 4-6、图 4-7 给出了大震作用下核心筒混凝土剪力墙受压损伤云图。

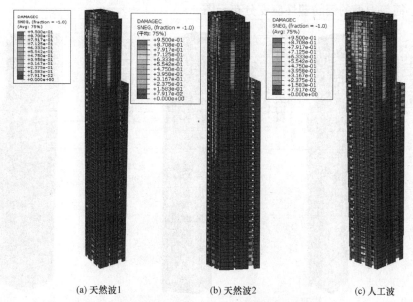

(a) 天然波1　　　　　　(b) 天然波2　　　　　　(c) 人工波

图 4-6　X 主向大震作用下核心筒混凝土剪力墙受压损伤云图

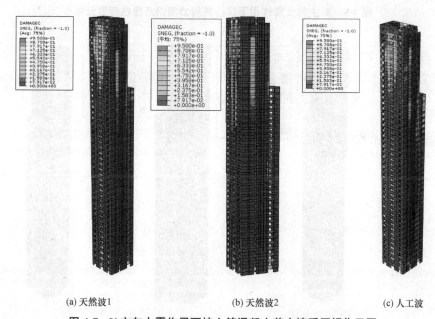

(a) 天然波1　　　　　　(b) 天然波2　　　　　　(c) 人工波

图 4-7　Y 主向大震作用下核心筒混凝土剪力墙受压损伤云图

由图可知，在大震作用下，核心筒外周剪力墙损伤较小，大部分损伤值小于 0.1，剪力墙处于轻度损坏；仅在顶部剪力墙收进楼层的局部区域发生混凝土受压破坏，但未发生大面积破坏，此处剪力墙处于中度受压损伤。因此，大震作用下混凝土剪力墙承载能力仍能保证结构不发生倒塌破坏。

2）钢筋塑性应变

由于核心筒剪力墙承担较大的地震力，混凝土抗拉性能较差，地震作用下剪力墙混凝土发生开裂，此时拉力由钢筋承担。分析核心筒剪力墙内钢筋屈服情况，图 4-8、图 4-9

给出了核心筒剪力墙的钢筋塑性应变分布云图。

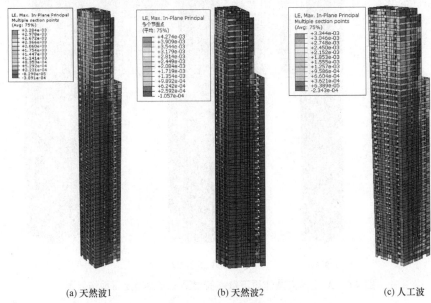

(a) 天然波1　　　　　　　(b) 天然波2　　　　　　　(c) 人工波

图 4-8　*X* 主向大震作用下核心筒剪力墙钢筋塑性应变云图

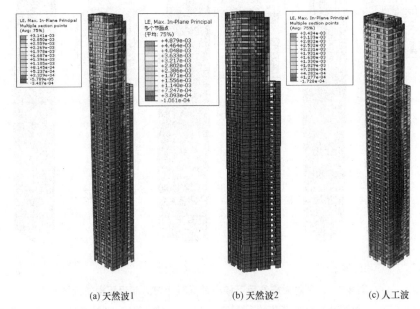

(a) 天然波1　　　　　　　(b) 天然波2　　　　　　　(c) 人工波

图 4-9　*Y* 主向大震作用下核心筒剪力墙钢筋塑性应变云图

由图可知，核心筒剪力墙收进部位以下楼层的剪力墙钢筋塑性应变最大值为 0.003，按剪力墙受拉状态分析可知，核心筒剪力墙处于轻微损坏；钢筋塑性应变最大值为 0.0048，发生在上部核心筒剪力墙收进楼层，按剪力墙受拉状态可知，上部剪力墙收进部位剪力墙受力性能处于轻度损坏。

综上所述，由剪力墙混凝土受压状态及钢筋受拉状态可知，大部分剪力墙混凝土处于轻度损坏，仅在上部核心筒收进楼层的部分剪力墙处于中度损坏，在大震作用下核心筒剪力墙仍能保持良好的承载能力，对于上部核心筒收进楼层损伤较大部位的剪力墙，可以在施工图中通过增加配筋进行加强设计。

2. 核心筒连梁性能状态

罕遇地震作用下连梁受压损伤状态及钢筋塑性应变如图 4-10～图 4-12 所示。

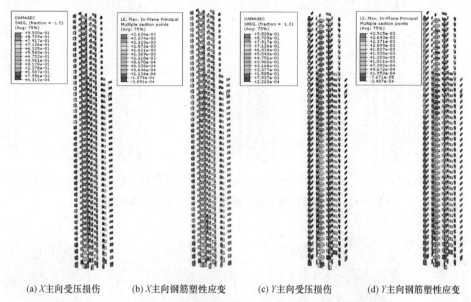

(a) X主向受压损伤　　(b) X主向钢筋塑性应变　　(c) Y主向受压损伤　　(d) Y主向钢筋塑性应变

图 4-10　天然波 1 作用下连梁受压损伤状态及钢筋塑性应变

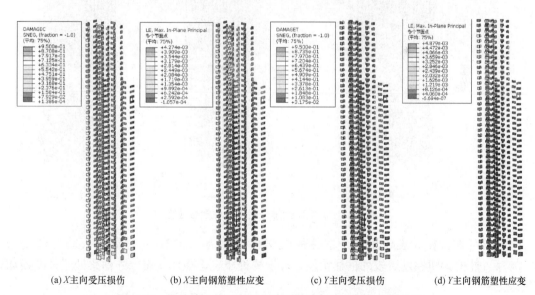

(a) X主向受压损伤　　　(b) X主向钢筋塑性应变　　　(c) Y主向受压损伤　　　(d) Y主向钢筋塑性应变

图 4-11　天然波 2 作用下连梁受压损伤状态及钢筋塑性应变

由图可见，连梁发生了明显的受压损伤，角部区域大部分连梁的钢筋塑性应变达到 0.0034，说明大震作用下连梁进入塑性，通过连梁发挥耗能作用，有效地保护主墙肢的完整性。

3. 外框架性能状态

大震作用下外框架的塑性应变如图 4-13、图 4-14 所示。

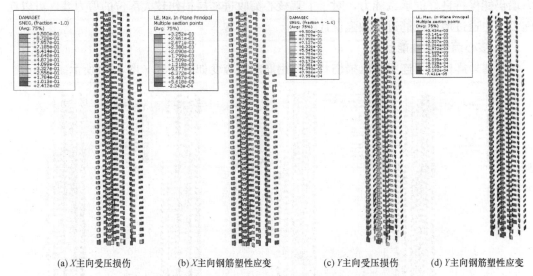

(a) X主向受压损伤　　(b) X主向钢筋塑性应变　　(c) Y主向受压损伤　　(d) Y主向钢筋塑性应变

图 4-12　人工波作用下连梁受压损伤状态及钢筋塑性应变

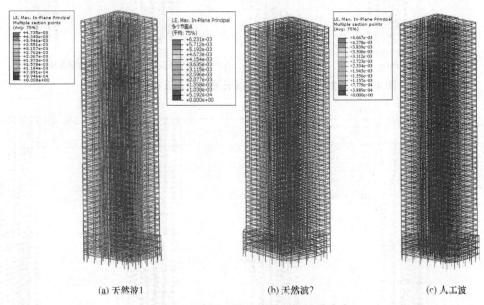

(a) 天然波1　　　　　　　(b) 天然波2　　　　　　　(c) 人工波

图 4-13　X 主向大震作用下外框塑性应变

　　分析可知，在大震作用下外框柱最大塑性应变为 0.002，外框梁最大塑性应变为 0.0074，外框梁塑性发展较外框柱明显，外框柱处于轻微损坏状态，外框梁处于轻度损坏状态。

4. 底部楼层开洞楼板性能

　　建筑在第 2 层和第 3 层楼板存在局部开洞，为分析开洞区域楼板的受力状态，对第 2 层楼板以及位于开洞上方的第 4 层楼板混凝土损伤及钢筋应变状态进行分析。考虑天然波 2X 主向作用下结构损伤最为明显，给出天然波 2X 主向地震作用下混凝土损伤及钢筋塑性应变状态如图 4-15、图 4-16 所示。

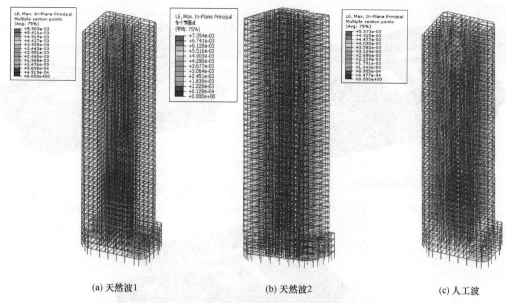

(a) 天然波1　　　　　　　　　　(b) 天然波2　　　　　　　　　　(c) 人工波

图 4-14　*Y* 主向大震作用下外框塑性应变

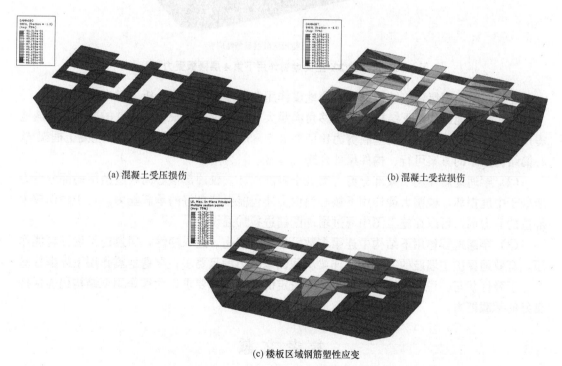

(a) 混凝土受压损伤　　　　　　　　　　　　　　　(b) 混凝土受拉损伤

(c) 楼板区域钢筋塑性应变

图 4-15　天然波 2*X* 主向地震作用下第 2 层楼板受力性能

　　通过分析可知，第 2 层楼板的受压损伤最大值为 0.13，楼板钢筋最大塑性应变为 0.0009；第 4 层楼板的受压损伤最大值为 0.16，楼板钢筋最大塑性应变为 0.001；受拉损伤主要发生楼板开洞附近，楼板混凝土受压损伤和钢筋塑性应变分布范围较小，楼板处于轻度损坏。

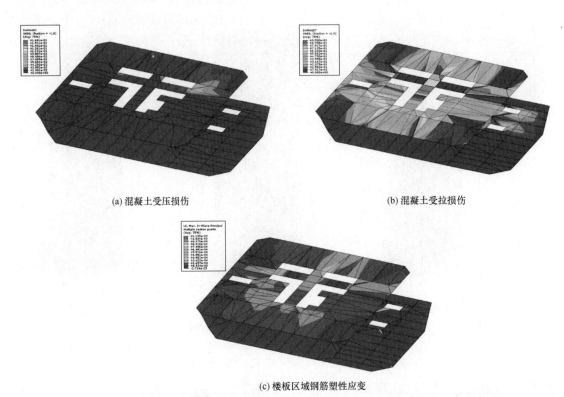

(a) 混凝土受压损伤   (b) 混凝土受拉损伤

(c) 楼板区域钢筋塑性应变

图 4-16　天然波 2X 主向地震作用下第 4 层楼板受力性能

　　通过对复杂高层建筑结构进行罕遇地震作用非线性动力响应分析，得出以下结论：

　　(1) 罕遇地震作用下结构层间位移角满足大震层间位移角限值 1/100 的要求，罕遇地震作用与频遇地震作用下的基底剪力比值在 3.5～5.2 之间，说明采用钢管混凝土框架-核心筒结构体系的方案可行、构件尺寸合理。

　　(2) 罕遇地震作用下大部分剪力墙处于轻度损坏，仅顶部核心筒收进楼层的部分剪力墙处于中度损坏，说明大震作用下核心筒剪力墙仍能保持良好的承载能力。对于损伤较大部位的剪力墙，可以在施工图中通过增加配筋进行加强设计。

　　(3) 罕遇地震作用下结构中连梁多数发生明显损伤，进入塑性，通过连梁发挥耗能作用，有效地保护主墙肢的完整性；连梁斜截面承载力满足要求；罕遇地震作用下外框柱基本处于弹性状态。说明结构构件满足损先设定的性能目标要求，大震作用下结构仍能保持良好的承载能力。

参 考 文 献

[1]　住房和城乡建设部. 高层建筑混凝土结构技术规程：JGJ 3—2010 [S]. 北京：中国建筑工业出版社，2010.

[2]　住房和城乡建设部. 建筑抗震设计规范：GB 50011—2010 [S]. 北京：中国建筑工业出版社，2010.

[3]　住房和城乡建设部. 超限高层建筑工程抗震设防专项审查技术要点 [S]. 2015.

[4]　天津市城乡建设委员会. 天津市超限高层建筑工程设计要点 [M]. 天津：天津大学出版社，2012.

［5］ 陆新征，叶列平，缪志伟，等. 建筑抗震弹塑性分析原理、模型与在 ABAQUS，MSCMARC 和 SAP2000 上的实践［M］. 北京：中国建筑工业出版社，2009.

［6］ KRAWINKLER H，SENEVIRATNA G D P K. Pros and cons of a pushover analysis of seismic performance evaluation［J］. Engineering Structural，1998，20（4-6）：452-464.

［7］ Seismic evaluation and retrofit of concrete building：ATC-40［S］. Redwood City，CA，1996.

［8］ 汪大绥，贺军利，张风新. 静力弹塑性分析（Pushover Analysis）的基本原理和计算实例［J］. 世界地震工程，2004，20（1）：45-53.

［9］ 黄群贤，郭子雄，杜培龙. 竖向刚度不规则高层框架结构推覆分析方法［J］. 中南大学学报，2014，45（11）：3993-3999.

［10］ 李志山，陈星，容柏生. 芯筒悬臂结构在大震作用下的弹塑性能分析研究［J］. 建筑结构，2007，37（9）：57-59.

［11］ 杨先桥，傅学怡，黄用军. 深圳平安金融中心塔楼动力弹塑性分析［J］. 建筑结构学报，2011，32（7）：40-49.

［12］ 黄兆纬，黄信，胡雪瀛，等. 津湾广场 9 号楼超限高层结构巨柱节点区域非线性分析［J］. 建筑结构，2014，44（2）：48-52.

［13］ 黄信，赵宇欣，黄兆纬，等. 罕遇地震下天津湾某塔楼抗震性能分析［J］. 建筑科学，2017，33（9）：84-90.

［14］ 黄信，李毅，朱旭东，等. 强震下竖向不对称收进高层结构损伤分析［J］. 工业建筑，2020，50（6）：79-84.

［15］ HUANG X，LV Y，CHEN Y，et al. Performance-based seismic design of the outrigger of a high-rise overrun building with vertical setback in strong earthquake area［J］. The Structural Design of Tall and Special Buildings，2021，30（5）：e1834.

第5章 大高宽比超限剪力墙结构性能化抗震设计

剪力墙结构抗侧刚度大，是高层住宅建筑中较为常用的结构形式。随着我国城镇化建设的快速发展，为节约城市用地，剪力墙住宅结构高度不断增大，致使剪力墙结构出现高度超限，同时为满足底部大空间等建筑功能要求，部分剪力墙结构还存在结构转换等不规则性。

为保证地震作用下超限高层剪力墙结构抗震安全，应对剪力墙结构进行性能化抗震设计，分析地震作用下剪力墙结构的整体抗震性能及其墙体损伤分布。住宅剪力墙结构中，由于建筑平面功能布局要求，往往存在较大的高宽比，此时应对剪力墙结构进行整体抗倾覆性能分析，为此提出基于桩基抗拔性能设计以提高大高宽比剪力墙结构的抗倾覆能力。

抗震区高层住宅结构中设置剪力墙可提高结构抗侧刚度，但是剪力墙会增加结构自重从而增大结构地震力，因此，应对剪力墙的布置位置和数量进行优化设计，在提高结构抗侧刚度的同时优化结构自重。根据不同剪力墙布置方案的优化分析可知，内墙应尽量做薄，减轻结构自重，因为内墙对提高结构抗侧刚度的作用有限；尽量加大外周连梁，其对结构的整体刚度贡献大，当建筑立面要求有限制时，可将连梁做成上反梁；对跃层墙要考虑墙体的稳定，电梯间过道的楼板可加厚，以增强楼板传递水平力的作用。

本章针对超限高层剪力墙结构进行性能化抗震设计，确定结构抗震性能目标，对超限剪力墙结构进行不同地震水准作用下的抗震性能分析；同时考虑结构大高宽比，对结构抗倾覆性能进行分析，并基于抗倾覆概念对桩基抗拔性能进行性能设计；最后，采用连梁阻尼器进行剪力墙结构减震性能分析，研究连梁阻尼器的减震效率[1-3]。

5.1 结构性能化抗震设计

高层结构由于高度超限或存在严重的平面不规则和竖向不规则等应进行抗震性能分析[4-7]。目前，许多学者针对高层结构的结构方案优化布置、抗震性能分析、大震非线性分析以及振动台试验等方面开展了研究工作。刘军进等[8]从结构概念设计、结构分析技术和施工过程等方面对复杂高层与超高层建筑结构设计进行了探讨；黄信等[9]对超限框架-核心筒结构进行了大震弹塑性分析，明确了大震作用下结构及构件的抗震性能；蒋欢军等[10]对上海中心大厦进行了弹塑性时程分析并进行了缩尺振动台试验，分析得出上海中心大厦满足预先设定的性能目标且具有较高的安全储备；杨先桥等[11]对深圳平安金融中心塔楼进行了动力弹塑性分析，分析了大震作用下剪力墙结构的损伤发展及钢板剪力墙中钢板的受力状态，结构弹塑性层间位移角满足规范限值要求，结构满足大震不倒的设防要求；黄兆纬等[12] 开展了超限高层结构关键复杂受力节点的非线性数值模拟；吕杨等[13] 采用精细化数值分析方法研究了高层结构中钢板剪力墙在压剪受力状态下的受力性能。上述研究明确了高层结构在地震作用下的性能状态。然而，对于高层剪力墙结构，由于其高宽比较大，结构抗震性能及抗倾覆能力与常规高层结构存在明显差异，目前针对大高宽比高层剪力墙结构的抗震性能及抗倾覆能力分析缺少系统研究，所以应针对大高宽比剪力墙结构进行性能化抗震分析与设计。

5.1.1　结构性能目标

1. 结构方案

某超限高层剪力墙结构的建筑功能为住宅，地下4层，地面以上42层，层高3m，结构高度为126.6m。考虑结构短向的高宽比较大，整体刚度差，在满足建筑功能的条件下尽量减小该方向墙体的开洞面积；提高墙体混凝土强度等级，对结构整体抗侧刚度的提高有一定的贡献。

通过对结构方案的分析和调整，最终确定塔楼外周墙体厚度由450mm渐变至200mm，内墙厚度为300mm和200mm，连梁高度为900mm。首层存在局部楼板开洞，开洞处内墙厚度取300mm。混凝土强度等级由C60渐变至C45；钢筋采用HRB400。结构标准层平面图如图5-1所示；结构计算模型如图5-2所示，其中黑色填充部位为剪力墙，未填充的白色区域为连梁，虚线为楼面梁。

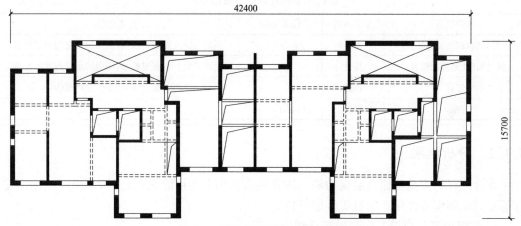

图5-1　结构标准层平面图（mm）

2. 结构抗震性能目标

对高层剪力墙结构的不规则性进行分析，可知结构平面凹凸性、楼板连续性和扭转位移比均满足规范要求，结构竖向侧向刚度、抗侧力楼层承载力均满足规范要求。剪力墙结构高度为126.6m，按《高层建筑混凝土结构技术规程》JGJ 3—2010（简称《高规》）规定属于B级高度结构，结构等效高宽比为126.6/12.97＝9.76，可知高层剪力墙结构高宽比远大于规范限值6。

根据《超限高层建筑工程抗震设防专项审查技术要点》[3] 和《天津市超限高层建筑工程设计要点》[4]，针对工程特点和超限情况，确定结构抗震性能目标。考虑结构高宽比较大，为保证结构整体抗倾覆能力，增加了设防地震作用下桩的性能目标，补充了设防地

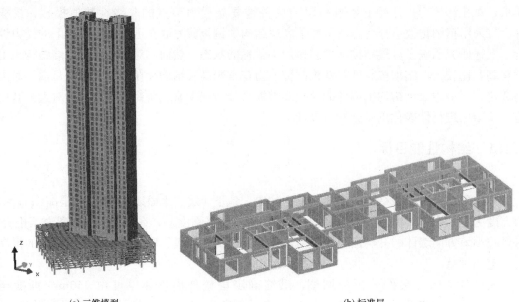

(a) 三维模型   (b) 标准层

图 5-2 结构计算模型

震作用下底部加强区剪力墙抗拉分析。结构主要构件的抗震性能目标如表 5-1 所列。

结构主要构件的抗震性能目标   表 5-1

构件位置	多遇地震	设防地震	罕遇地震
剪力墙(底部加强区)	弹性	—	承载力按极限值复核,斜截面满足受剪截面要求
剪力墙(非底部加强区)	弹性	—	允许多数剪力墙屈服,斜截面满足受剪截面要求
连梁	弹性	—	允许屈服,允许连梁发生严重破坏
桩	弹性	抗拔不屈服	—

5.1.2 分析结果

为合理评价大高宽比高层剪力墙结构在地震作用下的性能状态,对高层剪力墙结构进行了不同地震水准作用下的抗震性能分析。

1. 多遇地震反应谱及弹性时程分析

结构前 3 阶周期分别为 2.59s、1.65s 和 1.11s,前 3 阶振型如图 5-3 所示。

多遇地震反应谱计算分别采用 YJK 软件和 ETABS 软件进行对比分析,主要计算结果如表 5-2 所列。同时利用 YJK 软件进行了弹性时程分析,选择 5 条天然波和 2 条人工波,分析得到多遇地震作用下楼层层间位移角曲线如图 5-4 所示。

多遇地震反应谱计算结果   表 5-2

软件	层间位移角		基底剪力(kN)		特征周期(s)		
	X	Y	X	Y	T_1	T_2	T_3
YJK	1/1877	1/1023	12748	11989	2.61	1.67	1.18
ETABS	1/1582	1/1019	12972	12029	2.59	1.65	1.11

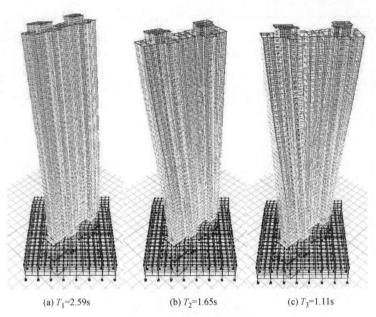

(a) T_1=2.59s   (b) T_2=1.65s   (c) T_3=1.11s

图 5-3 结构前 3 阶振型

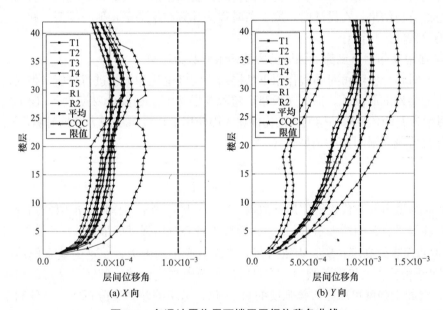

(a) X 向   (b) Y 向

图 5-4 多遇地震作用下楼层层间位移角曲线

可知，多遇地震作用下反应谱法和多波时程平均值计算的结构层间位移角均满足 1/1000 限值要求，结构周期符合规范要求，说明构件截面取值合理，结构体系选择恰当。

由图 5-4 可知，由于结构在 Y 向的高宽比较大，其 Y 向刚度弱，导致 Y 向的楼层层间位移角接近规范限值要求；位移角下降明显区段位于结构的中下部。因此，为有效提高大高宽比高层剪力墙结构的层间位移角，应增大结构中下部区域的结构刚度。

弹性时程 7 条波计算的楼层剪力平均值与规范反应谱（CQC）法计算的楼层剪力对比如图 5-5 所示。

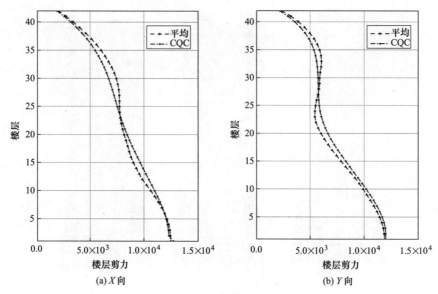

图 5-5　楼层剪力对比

从弹性时程分析的结果来看，对于结构底部及高区的楼层剪力，时程分析的平均值略大于反应谱分析结果。在设计时，取 7 条时程法计算结果的平均值与振型分解反应谱法计算结果的较大值进行设计。

2. 罕遇地震作用下底部加强区剪力墙极限承载力验算

非线性时程分析法可对强震作用下高层结构刚度退化和损伤进行分析，但无法实现强震作用下的结构配筋设计。依据《天津市超限高层建筑工程设计要点》[5]，设定层结构抗震性能目标为 E 级，要求结构的关键构件在大震作用下按极限承载力复核时满足式（5-1），竖向构件抗剪截面限制条件满足式（5-2）。

$$V_{GE}+V_{Ek}^{*}\leqslant 0.15f_{ck}bh_0 \tag{5-1}$$

$$S_{GE}+S_{Ek}^{*}\leqslant R_u \tag{5-2}$$

式中，V_{GE} 为重力荷载代表值作用下的构件剪力；V_{Ek}^{*} 为地震作用标准值的构件剪力，不考虑与抗震等级有关的增大系数；f_{ck} 为混凝土轴心抗压强度标准值；b 为构件截面宽度；h_0 为构件截面有效高度；S_{GE} 为重力荷载代表值产生的内力；S_{EK}^{*} 为地震作用产生的内力；R_u 为结构构件的极限承载力，按材料最小极限强度计算，钢筋强度可取屈服强度的 1.25 倍，混凝土强度可取立方体强度的 0.88 倍。基于等效弹性分析方法，编制了罕遇地震作用下基于材料极限值的剪力墙构件承载力计算程序，对罕遇地震作用下剪力墙结构和框-筒结构的底部加强区剪力墙开展配筋设计，提高了罕遇地震作用下高层结构剪力墙构件设计的计算效率。计算程序如图 5-6 所示。

对高层结构底部加强区剪力墙构件进行罕遇地震作用下极限承载力分析及配筋设计，方法及步骤如下：

（1）采用等效弹性分析方法并基于 YJK 或 PKPM 等软件计算得到罕遇地震作用下剪力墙构件的内力；

（2）指定剪力墙暗柱配筋率及墙身分布筋配筋率，采用编制的剪力墙极限承载力计算

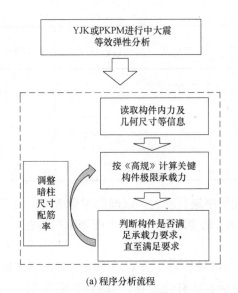

```
Sub ff()
Dim a, k%, i%6, m As Long
Open "d:\123\10.txt" For Input As #1
a = Split(StrConv(InputB(LOF(1), 1), vbUnicode), vbCrLf)
Close #1
k = UBound(a)
p = 5
For m = 0 To (k - 14)
  If Split(a(m), "*")(2) = "N-WC" Then
    p = p + 1
    If Split(a(m), "*")(10) = "U" Then
Worksheets("sheet1").Cells(p + 1, 1) = Split(a(m), "*")(15)
Worksheets("sheet1").Cells(p + 1, 2) = Split(a(m), "*")(16)
Worksheets("sheet1").Cells(p + 1, 3) = Split(a(m), "*")(17)
Worksheets("sheet1").Cells(p + 1, 4) = Split(a(m), "*")(18)
Worksheets("sheet1").Cells(p + 1, 5) = Split(a(m), "*")(19)
Worksheets("sheet1").Cells(p + 1, 6) = Split(a(m), "*")(20)
Worksheets("sheet1").Cells(p + 1, 56) = Split(a(u), "*")(3)
    For n = 0 To 12
    If Split(a(m + 7), "*")(n) = "My" Then
Worksheets("sheet1").Cells(p + 1, 7) = Split(a(m + 7), "*")(n - 1)
End If
    Next
    For n = 0 To 18
    If Split(a(m + 7), "*")(n) = "N" Then
    If Split(a(m + 7), "*")(n + 7) = "AsSTop" Then
      Worksheets("sheet1").Cells(p + 1, 8) = Split(a(m + 7), "*")(n + 6)
      ElseIf Split(a(m + 7), "*")(n + 6) = "AsSTop" Then
      Worksheets("sheet1").Cells(p + 1, 8) = Split(a(m + 7), "*")(n + 5)
      ElseIf Split(a(m + 7), "*")(n + 5) = "AsSTop" Then
      Worksheets("sheet1").Cells(p + 1, 8) = Split(a(m + 7), "*")(n + 4)
      ElseIf Split(a(m + 7), "*")(n + 4) = "AsSTop" Then
      Worksheets("sheet1").Cells(p + 1, 8) = Split(a(m + 7), "*")(n + 3)
      ElseIf Split(a(m + 7), "*")(n + 3) = "AsSTop" Then
      Worksheets("sheet1").Cells(p + 1, 8) = Split(a(m + 7), "*")(n + 2)
```

(a) 程序分析流程   (b) 程序命令界面

图 5-6 罕遇地震作用下基于材料极限值的剪力墙构件承载力计算程序

程序进行罕遇地震作用下剪力墙构件配筋设计；

（3）当程序计算得到剪力墙承载力不满足要求时，通过增加暗柱或墙身配筋率重新计算，直至剪力墙满足承载力要求。

根据结构抗震性能目标要求，采用罕遇地震等效弹性方法验算底部加强区夹层剪力墙极限承载力，表 5-3 给出了 $1\sim9$ 号墙的极限承载力验算结果，其中，S_{GE} 为重力荷载代表值产生的内力；S_{EK}^* 为地震作用产生的内力；N、M、V 为剪力墙最不利受力组合，即由 $S_{GE}+S_{EK}^*$ 产生的内力；R_u 为结构构件的极限承载力，按材料最小极限强度计算。底部加强区墙体竖向分布筋配筋率取 0.5%。夹层剪力墙墙体编号如图 5-7 所示。

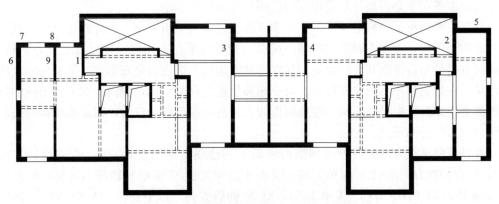

图 5-7 底部加强区夹层剪力墙墙体编号

底部加强区夹层剪力墙极限承载力验算结果   表 5-3

墙号	不利荷载组合			边缘构件配筋率（%）	$(S_{GE}+S_{EK}^*)/R_u$
	N(kN)	M(kN)	V(kN)		
1	7649	4743.3	1920.3	1.4	0.85
2	7538	5369.2	1290.6	2	0.80

续表

墙号	不利荷载组合			边缘构件配筋率 (%)	$(S_{GE}+S_{EK}^*)/R_u$
	N(kN)	M(kN)	V(kN)		
3	10716.6	4248.7	1274.9	1.4	1.00
4	9344.2	3489.8	936.3	1.4	1.00
5	23190.9	2037.1	2870	3	0.93
6	23783	18428.4	2687.8	4.5	0.96
7	23783	18428.4	511.1	4.5	0.96
8	8808.4	1787	560.1	4	0.69
9	8808.4	1787	588.8	4	0.69

通过计算可知，应对部分边缘构件的配筋率进行增大，以确保罕遇地震作用下底部加强区夹层剪力墙承载力值满足 $S_{GE}+S_{EK}^*<R_u$ 的要求；暗柱最大配筋率控制在 4.5%。

3. 罕遇地震静力弹塑性分析

本工程结构属于 B 级高度的高层建筑。《高规》第 5.1.13 条规定，B 级高度的高层建筑结构，宜采用弹塑性静力或弹塑性动力分析方法补充计算；《高规》第 3.11.4 条规定，高度不超过 150m 的高层建筑可采用静力弹塑性分析方法。另外，《天津市超限高层建筑工程设计要点》第 6.1.13 条规定，高度不超过 150m 的非特别不规则高层建筑，可采用静力弹塑性分析方法。因此，对本工程的大震弹塑性计算分析，采用弹塑性静力推覆分析法。

弹塑性静力推覆分析法是在结构上施加重力荷载代表值并保持不变，然后施加沿高度分布的某种水平荷载或位移作用，随着水平作用的不断增加，结构弹塑性逐渐发展，结构的梁、柱和剪力墙等构件出现塑性破坏，最终达到极限承载力。

通过弹塑性静力推覆分析，可以找出结构在罕遇地震作用下首先屈服的薄弱部位和薄弱构件，并通过相应的设计方法和构造措施有针对性地予以加强。同时，通过计算结构在罕遇地震作用下的位移反应和变形能力，可以得到各类构件屈服的先后顺序，并判断结构在罕遇地震作用下是否满足规范规定的层间位移角限值要求。

弹塑性静力推覆分析是一种简化的非线性地震反应分析方法。合理确定侧向荷载的分布形式相当重要，施加不同形式的侧向荷载，计算结果亦不相同，有时甚至会差别较大。侧向荷载的分布特征既要反映出结构在实际地震运动下惯性力分布形式，又要能够大体反映出结构在地震作用下的位移特征。对于超高层这类高柔结构，侧向荷载分布形式的选择一般需要考虑高阶振型的影响。考虑高度较大，高阶振型影响较大，因此推覆荷载采用反应谱（CQC）分布形式。

在具体的加载方向上，考虑到结构的最不利地震方向角接近 90°（沿 X、Y 方向正交），所以加载方向采取 X 向和 Y 向。又由于结构关于 X 轴和 Y 轴都不对称，所以采取沿 X 轴正方向（以下简称 "X 正向"）、沿 X 轴负方向（以下简称 "X 负向"）、沿 Y 轴正方向（以下简称 "Y 正向"）、沿 Y 轴负方向（以下简称 "Y 负向"）这 4 个方向分别加载的工况模式，其中 X 为结构平面长向，Y 为结构平面短向。

为分析结构在罕遇地震作用下的性能状态，对结构进行静力弹塑性分析[3]，推覆荷载模型为 CQC 分布，分别沿 0°、90°、180°、270° 四个方向进行推覆分析，其中 90° 和 270° 为结构的短向。罕遇地震推覆分析得到高层剪力墙结构的整体指标如表 5-4 所列，可知结构在罕遇地震与多遇地震作用下基底剪力比值在 3 左右。

罕遇地震与多遇地震作用下基底剪力比较及层间位移角　　表 5-4

工况	罕遇地震基底剪力 V_0(kN)	多遇地震基底剪力 V_1(kN)	V_0/V_1	层间位移角
X 正向	37421	12748	2.93	1/160
X 负向	38346	12748	3.00	1/186
Y 正向	37351	11989	3.11	1/156
Y 负向	38205	11989	3.18	1/184

图 5-8 所示为推覆受力较为不利的沿 90°方向推覆结构塑性铰的形成过程。

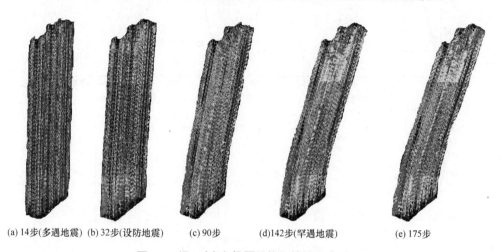

(a) 14步(多遇地震)　(b) 32步(设防地震)　　(c) 90步　　(d)142步(罕遇地震)　　(e) 175步

图 5-8　沿 90°方向推覆结构塑性铰形成过程

由图 5-8 可知，90°方向推覆的性能点发生在第 142 步。由剪力墙及连梁的塑性发展过程可以看出，在第 14 步（多遇地震性能点），部分连梁出现塑性铰，多数连梁处于弹性状态；至第 32 步（设防地震性能点），更多的连梁塑性逐渐开展进入耗能阶段；在第 142 步即性能点处，绝大部分连梁的塑性充分开展，个别连梁发生破坏并退出工作，底部加强区的墙体多数处于带裂缝工作状态，但并未发生破坏；在第 175 步，更多的连梁逐渐发生破坏并退出工作，底部加强区和结构顶部也有部分墙体发生破坏。

同时可知，高层剪力墙结构的塑性铰发展明显区域位于结构中下部，说明对于大高宽比高层剪力墙结构而言，结构底部倾覆弯矩对结构受力影响明显。为提高大震作用下高层剪力墙的抗震能力，应对高层剪力墙结构底部剪力墙进行加强和延性设计。

图 5-9 给出了高层剪力墙结构在推覆分析作用下的结构荷载-位移曲线。

通过图 5-9 可知，结构在经历罕遇地震抗震性能点后，结构荷载随着位移的增加仍有一定的提高，说明结构在罕遇地震作用下仍能保持良好的承载能力。

由上述分析可知，结构层间位移角满足罕遇地震层间位移角限值 1/120 的要求，连梁普遍先于墙肢进入屈服并起到耗能作用。

对剪力墙结构进行罕遇地震动力弹塑性分析，并与推覆分析结果进行对比。采用 2 条天然波和 1 条人工波，最大加速度幅值为 310cm/s²，地震波频谱如图 5-10 所示。罕遇地震作用下，结构基底剪力如表 5-5 所列，剪力墙损伤和钢筋应变如图 5-11～图 5-16 所示。

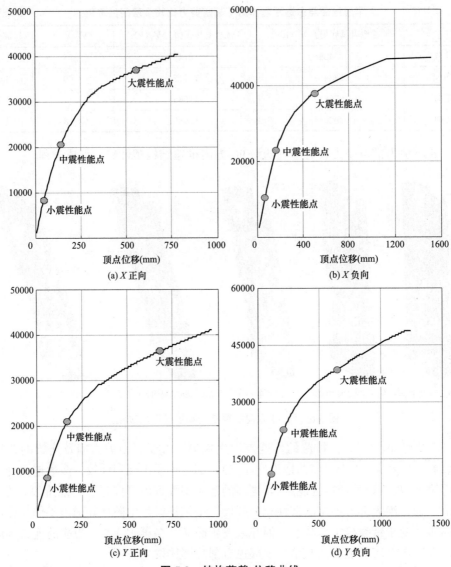

图 5-9　结构荷载-位移曲线

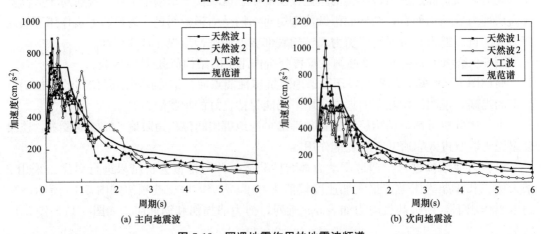

图 5-10　罕遇地震作用的地震波频谱

罕遇地震作用下结构基底剪力（kN）　　　　　　　　表 5-5

地震波		X 向	Y 向
天然波 1	X 主向	37009	39397
	Y 主向	33322	42515
天然波 2	X 主向	50043	33973
	Y 主向	29010	48406
人工波	X 主向	36201	38980
	Y 主向	34999	44848

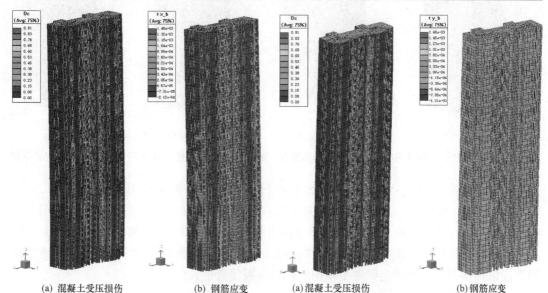

(a) 混凝土受压损伤　　　(b) 钢筋应变　　　　　(a) 混凝土受压损伤　　　(b) 钢筋应变

图 5-11　天然波 1 沿 X 向作用剪力墙　　　　图 5-12　天然波 1 沿 Y 向作用剪力墙
　　　　损伤和钢筋应变　　　　　　　　　　　　　损伤和钢筋应变

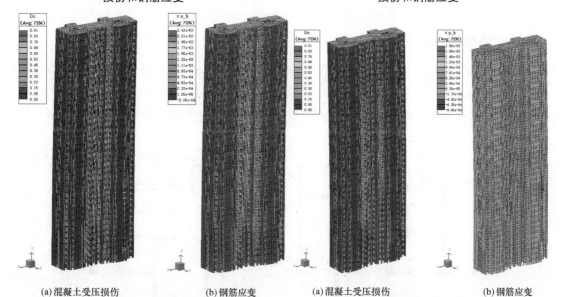

(a)混凝土受压损伤　　　(b)钢筋应变　　　　　(a)混凝土受压损伤　　　(b)钢筋应变

图 5-13　天然波 2 沿 X 向作用剪力墙　　　　图 5-14　天然波 2 沿 Y 向作用剪力墙
　　　　损伤和钢筋应变　　　　　　　　　　　　　损伤和钢筋应变

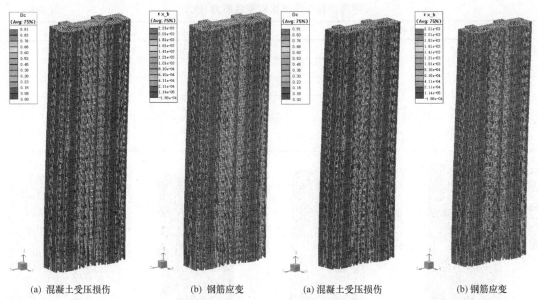

(a) 混凝土受压损伤　　(b) 钢筋应变　　(a) 混凝土受压损伤　　(b) 钢筋应变

图 5-15　人工波沿 X 向作用剪力墙损伤和钢筋应变　图 5-16　人工波沿 Y 向作用剪力墙损伤和钢筋应变

通过表 5-5 可知，罕遇地震动力弹塑性分析计算的结构 Y 向基底剪力在 35000～48000kN 之间，与多遇地震反应谱基底剪力比值在 2.8～4.03 之间。通过图 5-11～图 5-16 可知，剪力墙结构受压损伤较为明显部位位于结构下部区域，中上部剪力墙墙肢损伤较小，可知罕遇地震弹塑性分析的墙体损伤分布区域和推覆分析结果较为一致；罕遇地震作用下连梁损伤明显，说明连梁发生损伤而耗散地震能量。

5.2　结构抗倾覆性能分析

5.2.1　结构延性分析

为确保地震作用下高层剪力墙结构的延性状态，对设防地震作用下底部加强区剪力墙的拉应力进行分析。采用双向地震作用并考虑组合截面，表 5-6 所列为外周拉力较大的剪力墙拉应力计算结果，其中轴力为"－"表示受压、"＋"表示受拉，其中剪力墙编号如图 5-17 所示。

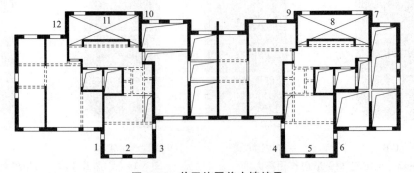

图 5-17　首层外周剪力墙编号

首层剪力墙拉应力验算　　　　　　　表 5-6

剪力墙编号	剪力墙尺寸(mm)		多遇地震组合轴力 (kN)	设防地震组合轴力 (kN)	设防地震墙体应力 (MPa)
	宽	长			
1	400	2500	−1538	5355	5.36
2	400	1050	−503	1913	4.55
3	400	3600	−1436	7508	5.21
4	400	3600	−2083	5950	4.13
5	400	1050	−480	1759	4.19
6	400	2500	−1401	5044	5.04
7	400	750	−597	873	2.91
8	400	4550	−4547	3731	2.05
9	400	650	−589	708	2.72
10	400	650	−635	854	3.28
11	400	4550	−4105	4557	2.50
12	400	750	−488	1114	3.71

由表 5-6 可知，多遇地震作用下墙体处于受压状态；设防地震作用下，对于剪力墙中的应力大于 1 倍的墙体混凝土材料的抗拉强度且小于 2 倍混凝土材料的抗拉强度的这部分墙体，施工图设计时采取设置受拉配筋进行加强，并对 1～6 号墙肢配置型钢，从而改善墙肢的延性。

可知，对于大高宽比结构而言，应通过剪力墙等效名义应力进行墙体的延性设计，对底部剪力墙等效应力超过混凝土标准值较多的墙体应进行加强，如提高剪力墙暗柱配筋或增大分布筋的配筋率。

5.2.2　结构抗倾覆技术效果分析

对大高宽比高层剪力墙结构而言，高层结构的抗倾覆设计是确保结构受力安全的重点，为此提出的大高宽比高层结构抗倾覆性能分析方法如下[14]：

(1) 首先对高层结构进行多遇地震作用下结构整体抗倾覆计算。

(2) 桩基抗震性能水准设定为满足设防地震抗拔不屈服承载力要求。定义桩基的抗拔承载力组合值：

$$T = D - E - F_1 \tag{5-3}$$

式中，D 为恒荷载作用力；E 为地震作用力；F_1 为抗浮水位计算的水浮力。

(3) 基于结构等效弹性分析方法，根据式（5-3）获得设防地震作用下高层结构桩基的抗拔承载力，对桩基进行承载力分析，从而确定结构桩基的抗拔配筋。

(4) 当大高宽比高层结构外侧桩基在地震作用下抗拔配筋较大时，可通过在高层结构地下室增设抗倾覆墙体和桩基，从而控制结构外侧桩基的抗拔力及配筋。

多遇地震作用下结构整体抗倾覆计算结果如表 5-7 所列。

可知，多遇地震作用下结构零应力区的面积为 0，满足《高层建筑混凝土结构技术规程》JGJ 3—2010 对结构抗倾覆的要求。

多遇地震作用下结构整体抗倾覆验算结果（kN·m）　　　　表 5-7

工况	抗倾覆力矩 M_r	倾覆力矩 M_{ov}	比值 M_r/M_{ov}	零应力区（%）
X 向地震	2.625E+007	1.351E+006	19.43	0.00
Y 向地震	2.672E+007	1.439E+006	18.57	0.00

　　为考察结构的整体抗倾覆能力，对设防地震作用下的结构桩基受力状态进行分析。考虑结构高宽比较大，分析中偏保守地采用忽略地下室外围土的嵌固作用，并且只考虑主体楼座下部桩体的抗倾覆作用，对设防地震作用周边区域桩进行受力分析。桩的抗压组合值 $C=D+L+E-F_1$，桩的抗拔组合值 $T=D-E-F_2$，其中 D 为恒荷载作用力，L 为活荷载作用力，E 为地震作用力，F_1 为枯水位下计算的水浮力，F_2 为抗浮水位计算的水浮力。

　　塔楼区域桩筏基础的桩径为 800mm，桩长为 65m，后压浆单桩极限承载力为 13400kN，筏板厚度为 1500mm，1～14 号桩的承载力校核结果如表 5-8 所列，表中抗拔所需桩身纵筋面积是按钢筋强度 400MPa 反算得到，T 值的负号代表拉力，其中桩编号如图 5-18 所示。

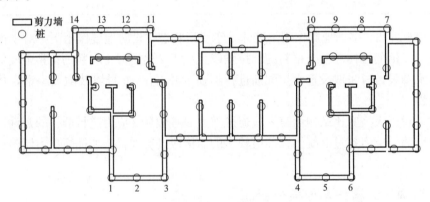

图 5-18　桩编号

桩承载力校核结果　　　　表 5-8

编号	工况及荷载组合（kN）		抗压组合值/抗压检验基准值	抗拔所需桩身纵筋面积
	抗压组合值 C	抗拔组合值 T	（$C/13400$）	（mm²）
1	13959	−5351	1.041	13377
2	14244	−5407	1.062	13517
3	14542	−5461	1.085	13652
4	14169	−5292	1.057	13230
5	13939	−5273	1.040	13182
6	13723	−5254	1.024	13135
7	13809	−3119	1.030	7797
8	13744	−3151	1.025	7877
9	13655	−3178	1.019	7945
10	13545	−3193	1.010	7982

续表

编号	工况及荷载组合（kN）		抗压组合值/抗压检验基准值	抗拔所需桩身纵筋面积
	抗压组合值 C	抗拔组合值 T	（$C/13400$）	（mm^2）
11	13477	−2998	1.005	7495
12	13759	−2941	1.026	7352
13	14048	−2870	1.048	7175
14	14320	−2788	1.068	6970

由表可知，1～6号桩抗拔配筋的抗拔力较大。

为改善1～6号桩的受力状态，在地下4层将此处的Y向剪力墙延伸，并在每道剪力墙延伸处布置1根桩，从而降低1～6号桩的抗拔力。新增剪力墙和桩的布置如图5-19中实心黑色区域所示，1～14号桩的承载力复核结果如表5-9所列。

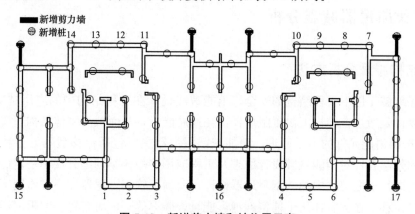

图5-19 新增剪力墙和桩位置示意

增加措施后桩承载力复核结果 表5-9

编号	工况及荷载组合（kN）		抗压组合值/抗压检验基准值	抗拔所需桩身纵筋面积
	抗压组合值 C	抗拔组合值 T	（$C/13400$）	（mm^2）
1	10388	−4035	0.775	10087
2	10487	−3964	0.783	9910
3	10376	−3809	0.774	9522
4	10054	−3722	0.75	9305
5	10078	−3816	0.752	9540
6	9923	−3827	0.74	9567
7	10954	−2181	0.817	5452
8	10863	−2303	0.811	5757
9	10624	−2360	0.793	5905
10	10317	−2379	0.77	5947
11	10603	−2477	0.791	6192
12	10861	−2552	0.81	6380
13	11006	−2613	0.821	6532

编号	工况及荷载组合(kN)		抗压组合值/抗压检验基准值	抗拔所需桩身纵筋面积
	抗压组合值 C	抗拔组合值 T	(C/13400)	（mm^2）
14	10981	−2637	0.637	6592
15	8296	−3899	0.619	9747
16	9252	−3298	0.690	8245
17	8782	−3560	0.655	8900

由表 5-9 可以看出，通过在地下 4 层将此处的 Y 向剪力墙延伸，并在每道剪力墙延伸处布置 1 根桩，能够有效地改善外周桩基的受力，降低 1～6 号桩的抗拔力，如 1 号桩的抗拔配筋由 13377mm^2 减小为 10087mm^2，满足桩体和结构抗倾覆性能目标，并做到优化配筋。

5.3 连梁阻尼器减震分析

5.3.1 结构减震分析方法

为确保地震作用下工程结构的安全，消能减震设计在工程结构中的应用越来越广泛。消能减震设计是通过在结构上设置阻尼器消耗地震能量，从而减少主体结构所受的地震作用[15-16]。按照消能元件的力学原理，消能减震阻尼器主要包括位移型阻尼器和速度型阻尼器。国内外学者针对消能减震设计原理及工程应用这一科学问题开展了一定的研究。李宏男等[17] 进行了框架结构的软钢阻尼器设计，明确了软钢阻尼器在小震作用下能够有效地控制结构位移，在大震作用下能消耗地震能量。滕军等[18] 对布置连梁阻尼器的减震结构进行分析，表明连梁阻尼器可以使结构形成多道防线并减少结构响应。汪大绥等[19] 结合世博中心工程对防屈曲支撑的布置、节点设计、验收标准进行了试验研究，并对减震结构进行了弹塑性分析。朱礼敏等[20] 研究了黏滞阻尼器在大跨度空间结构中的优化布置。王奇等[21] 基于线性化等效方法建立了消能减震结构的附加阻尼比计算方法。地震作用下，剪力墙结构、框架-剪力墙结构、框架-核心筒结构等的剪力墙是主要的抗侧力构件，剪力墙中的连梁会先发生屈曲，在连梁上布置阻尼器能够起到较好的耗能效果；同时，连梁阻尼器具有施工及修复方便等优点，因此具有较为广泛的应用前景。目前对于连梁阻尼器的应用及其减震效果研究较少，有必要深入分析连梁阻尼器在剪力墙结构中的减震效果，从而为类似工程的减震设计提供参考。

为分析连梁阻尼器在剪力墙结构中的减震效果，采用快速非线性分析方法对剪力墙结构进行消能减震分析，同时分析连梁阻尼器布置位置对结构减震效果的影响。

1. 结构消能减震分析方法

地震作用下阻尼器通过塑性变形产生耗能，结构分析中为模拟阻尼器的耗能作用需要考虑阻尼器的非线性特性，一般可以采用快速非线性分析方法[9]。快速非线性分析方法是求解局部非线性动力问题的一种高效方法，其将非线性单元处理为外力，并利用里兹向量对动力平衡方程进行解耦，在求解每个通过解耦而得到的模态方程时需要迭代计算每一时间步终点时的非线性单元力。消能结构的平衡方程为：

$$Mü(t)+Cu̇(t)+Ku(t)+R_{NL}(t)=R(t) \tag{5-4}$$

式中，M、C、K 分别为质量矩阵、阻尼矩阵和刚度矩阵，K 不包括阻尼单元的刚度；$ü(t)$、$u̇(t)$、$u(t)$ 分别为节点加速度、速度和位移；$R(t)$ 分和 $R_{NL}(t)$ 分别为外部荷载和非线性单元力。

通过在非线性单元处添加任意刚度的弹性单元来考虑非线性单元在线性荷载工况的属性，故在平衡方程（5-4）两侧加上弹性力 $K_e u(t)$：

$$Mü(t)+Cu̇(t)+K'u(t)=\overline{R}(t) \tag{5-5}$$

式中，$\overline{R}(t)=R(t)-R_{NL}(t)+K_e u(t)$ 为每一时间步的最终外部荷载；$K'=K+K_e$。

利用里兹向量将上述平衡方程（5-5）转换为模态坐标系下的运动方程，并通过迭代对非线性单元内力进行求解。

2. 连梁阻尼器单元性能

连梁阻尼器为剪切型软钢阻尼器，主要通过连梁在地震作用下产生剪切变形来耗散地震能量，从而有效地保护主体结构安全。连梁阻尼器模型的力和变形关系为[22]：

$$f=αkd_k+(1-α)f_β z \tag{5-6}$$

式中，d_k 为变形；k 为刚度；$α$ 为屈服后刚度比；$f_β$ 为屈服强度；z 为恢复力模型内部参数。

5.3.2 结构减震效果分析

为分析连梁阻尼器在剪力墙结构中的消能减震效果，对布置连梁阻尼器的剪力墙结构进行地震响应分析，同时分析连梁阻尼器布置位置对结构减震效果的影响。

1. 分析模型及阻尼器布置

某剪力墙结构共 11 层，楼层层高均为 3.1m，剪力墙厚度为 200mm，连梁高度为 2550mm、2650mm，混凝土强度等级采用 C30，钢筋采用 HRB400，建筑功能为住宅结构。采用 ETABS 软件的快速非线性分析方法对结构进行消能减震设计，分别采用 El-Centro 波（1940 年，EW 方向）和 Loma-Prieta 波（1989 年，EW 方向）进行时程分析，地震波为双向输入，主、次方向的峰值加速度比为 1:0.85，地震烈度为 7 度半，多遇地震作用时加速度峰值为 55cm/s^2，罕遇地震作用时加速度峰值为 310cm/s^2。地震波加速度时程和频谱曲线如图 5-20 所示。

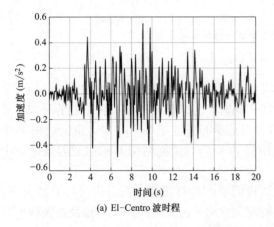

(a) El-Centro 波时程

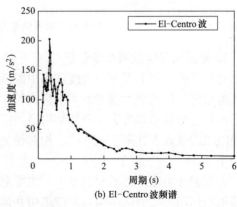

(b) El-Centro 波频谱

图 5-20 地震波加速度时程和频谱曲线（一）

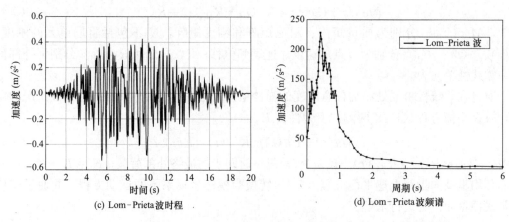

(c) Lom-Prieta波时程

(d) Lom-Prieta波频谱

图 5-20　地震波加速度时程和频谱曲线（二）

　　为分析连梁阻尼器在剪力墙结构中的消能减震效果，同时比较不同阻尼器性能参数对结构消能减震效果的影响，本次分析采用的连梁阻尼器性能参数如表 5-10 所列；具体剪力墙平面布置及阻尼器布置如图 5-21 所示，在 X 向每层布置 4 个阻尼器，在 Y 向每层布置 3 个阻尼器。

连梁阻尼器性能参数　　　　　　　　　　　　　　　　　　　　　表 5-10

初始刚度(kN/mm)	屈服荷载(kN)	屈服位移(mm)	屈服后刚度比
100	150	1.50	0.05

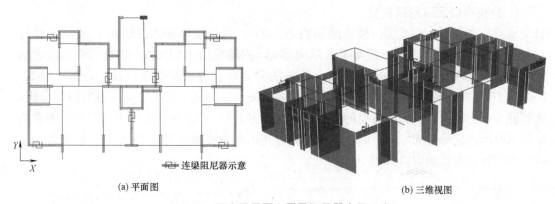

(a) 平面图

(b) 三维视图

图 5-21　剪力墙平面布置及阻尼器布置示意

2. 连梁阻尼器减震效果分析

　　为分析连梁阻尼器在剪力墙结构中的减震效果，对布置连梁阻尼器的剪力墙结构与未布置连梁阻尼器的剪力墙的地震响应进行比较；同时，为分析阻尼器布置位置的影响，考虑了两种阻尼器布置方案，消能结构 A 中连梁阻尼器布置在第 3～10 层，消能结构 B 中连梁阻尼器仅布置在第 7～10 层。相对消能结构 A 而言，消能结构 B 的阻尼器数量减少了一半。

　　为明确连梁阻尼器的减震效果，主要对结构的层间位移角及楼层剪力进行对比分析。多遇地震作用下无消能结构与消能结构在地震波主方向下的最大层间位移角及基底剪力对比如表 5-11、图 5-22 和图 5-23 所示。

多遇地震作用下结构减震效果对比　　　　　　　　　　　　　表 5-11

地震波		无消能结构		消能结构 A			消能结构 B		
		层间位移角（mm）	基底剪力（kN）	层间位移角（mm）	基底剪力（kN）	附加阻尼比	层间位移角（mm）	基底剪力（kN）	附加阻尼比
El-Centro 波	X 向	1/1484	3156	1/1663	3064	1.7%	1/1643	3081	1.5%
	Y 向	1/2107	3262	1/2274	3449	1.0%	1/2216	3422	0.6%
Loma-Prieta 波	X 向	1/1049	4904	1/1259	4472	2.0%	1/1206	4595	1.6%
	Y 向	1/1632	4638	1/1687	4449	0.5%	1/1645	4545	0.3%

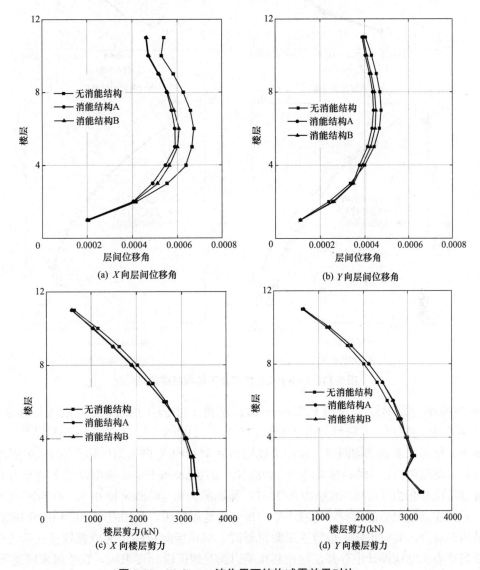

(a) X 向层间位移角　　　　　　　　　　(b) Y 向层间位移角

(c) X 向楼层剪力　　　　　　　　　　(d) Y 向楼层剪力

图 5-22　El-Centro 波作用下结构减震效果对比

可以看出，多遇地震作用下采用 El-Centro 波沿结构 X 主向作用时，相对无消能结构而言，采用消能结构 A 时结构 X 向层间位移角由 1/1484 减小为 1/1663，基底剪力由

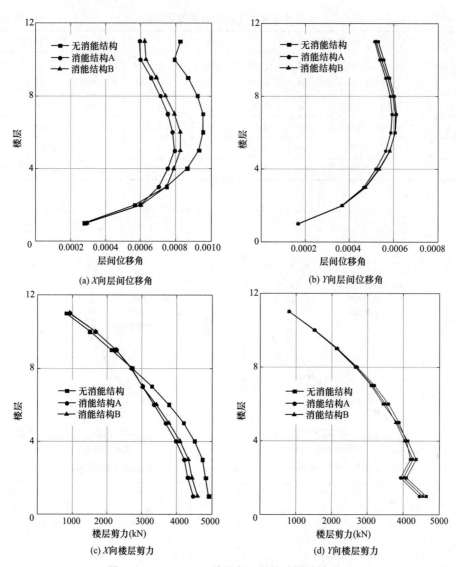

图 5-23 Lom-Prieta 波作用下结构减震效果对比

3156kN 减小为 3064kN；采用 El-Centro 波沿结构 Y 主向作用时，Y 向层间位移角由 1/2017 减小为 1/2274，基底剪力由 3262kN 减小为 3449kN。Loma-Prieta 波沿结构 X 主向作用下，相对无消能结构而言，采用消能结构 A 时结构 X 向层间位移角由 1/1049 减小为 1/1259，基底剪力由 4904kN 减小为 4402kN；采用 Loma-Prieta 波沿结构 Y 主向作用时，Y 向层间位移角由 1/1632 减小为 1/1687，基底剪力由 4638kN 减小为 4449kN。分析表明，采用连梁阻尼器能够有效地减小结构所受的地震作用，利用阻尼器的耗能作用保护主体结构的安全。同时可知，设置连梁阻尼器时，结构层间位移角的减幅较基底剪力明显，所以当剪力墙结构设计中存在层间位移角难以满足规范设计要求时，宜考虑采用连梁阻尼器进行减震设计。

同样可以看出，多遇地震采用 El-Centro 波作用时，消能结构 A 在 X 向为结构提供了 1.7% 的附加阻尼比，在 Y 向为结构提供了 1.0% 的附加阻尼比；消能结构 B 在 X 向为结构提供了1.5%的附加阻尼比，在Y向为结构提供了0.6%的附加阻尼比。对于Loma-Prieta波作用仍可得出类似结论。说明消能结构B的减震效果较消能结构A的降低并不明显，这主要是由于剪力墙结构以弯曲变形为主，结构连梁的变形主要集中在上部，所以连梁阻尼器布置在结构中上部较为经济。

为衡量连梁阻尼器的减震效果，采用无量纲参数代表结构动力响应的减幅。结构层间位移角减幅和结构基底剪力减幅分别如式（5-7）和式（5-8）所示。连梁阻尼器减震效果如图5-24所示。

$$D_d = (D_1 - D_2)/D_1 \tag{5-7}$$
$$D_V = (V_1 - V_2)/V_1 \tag{5-8}$$

式中，D_d和D_V分别为结构层间位移角和基底剪力最大减幅；D_1为无阻尼器时结构层间位移角；D_2为设置阻尼器时结构层间位移角；V_1为无阻尼器时结构基底剪力；V_2为设置阻尼器时结构基底剪力。

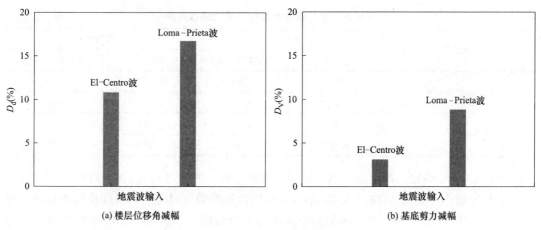

图5-24 连梁阻尼器减震效果

可知，设置连梁阻尼器后，结构层间位移角减幅较结构基底减幅明显，如在Loma-Prieta波作用下结构层间位移和基底剪力减幅分别为16.7%和8.8%。说明当结构层间位移角难以满足规范限值时，可以采用连梁阻尼器提高结构的抗震性能。

进一步对结构进行罕遇地震计算，分析连梁阻尼器在罕遇地震作用下的耗能效果。罕遇地震作用下无消能结构与消能结构的最大层间位移角及基底剪力对比如表5-12所列。

罕遇地震作用下结构减震效果对比　　　　　　　　　　　　　　　　表5-12

地震波		无消能结构		消能结构A		
		层间位移角 （mm）	基底剪力 （kN）	层间位移角 （mm）	基底剪力 （kN）	附加阻尼比 （%）
El-Centro波	X向	1/301	9530	1/340	10923	2.5
	Y向	1/351	13899	1/408	12661	3.2
Loma-Prieta波	X向	1/256	12067	1/287	12908	2.7
	Y向	1/277	19108	1/281	18939	1.0

通过分析可知，罕遇地震采用El-Centro波沿结构X主向作用时，减震结构的X向

层间位移角由 1/301 减至 1/340；沿结构 Y 主向作用时，Y 向层间位移角由 1/351 减至 1/408。另外可知，相对多遇地震而言，罕遇地震作用下连梁阻尼器耗能效果更为明显，如 El-Centro 波作用下在 X 向和 Y 向分别为结构提供 2.5% 和 3.2% 的附加阻尼比。

3. 连梁阻尼器性能参数影响分析

为进一步分析连梁阻尼器性能参数对减震效果的影响，采用不同性能参数时对剪力墙结构进行减震分析。连梁阻尼器性能参数 1 和性能参数 2 取值如表 5-13 所列。地震作用下，分别采用两种性能参数的连梁阻尼器对结构进行减震分析，获得的结构动力响应如表 5-14 所列。

连梁阻尼器性能参数　　　　表 5-13

性能参数	初始刚度(kN/mm)	屈服荷载(kN)	屈服位移(mm)	屈服刚度比
参数 1	100	150	1.50	0.05
参数 1	150	250	1.67	0.05

不同连梁阻尼器性能参数下结构减震效率　　　　表 5-14

地震波		参数 1		参数 2	
		位移角	基底剪力(kN)	位移角	基底剪力(kN)
El-Centro 波	X 向	1/1663	3064	1/1667	2974
	Y 向	1/2274	3449	1/2291	3430
Loma-Prieta 波	X 向	1/1259	4472	1/1269	4444
	Y 向	1/1687	4449	1/1689	4417

通过表 5-14 可知，连梁阻尼器采用性能参数 1 时，在 El-Centro 地震波作用下层间位移角和基底剪力分别为 1/1663 和 3064kN，采用性能参数 2 时得到的层间位移角和基底剪力分别为 1/1667 和 32974kN。可知对于本例剪力墙结构，调整阻尼器性能参数对结构动力响应影响不明显，说明在剪力墙结构刚度确定情况下，阻尼器性能参数增大并不能明显提高减震效率。因此，在剪力墙结构减震设计时，连梁阻尼器的性能参数应根据结构动力响应确定。

综上，采用连梁阻尼器对剪力墙结构进行消能减震分析，分析了连梁阻尼器的减震效果，以及连梁阻尼器的布置位置对剪力墙结构减震效果的影响，得出以下结论：

（1）剪力墙结构布置连梁阻尼器能够有效地降低结构所受的地震作用。相对无耗能结构而言，采用连梁阻尼器后结构的层间位移角和楼层剪力均有明显的减小。

（2）多遇地震作用下连梁阻尼器能够提供 1%~2% 的附加阻尼比；罕遇地震作用下连梁阻尼器耗能能力增大，能为结构提供 2%~3.5% 的附加阻尼比。

（3）考虑减震效果及经济性，剪力墙结构中的连梁阻尼器宜布置于剪力墙结构的中上部。剪力墙结构减震设计时，连梁阻尼器的性能参数应根据结构动力响应确定。

参 考 文 献

[1]　HUANG X. Seismic mitigation efficiency study of the coupling beam damper in the shear wall structure [J]. Civil Engineering Journal，2021，30 (1)：17-29.

［2］ 黄信，胡雪瀛，黄兆纬，等. 强震下高层剪力墙结构抗震性能与抗倾覆分析［J］. 工程抗震与加固改造，2020，42（4）：1-9.

［3］ 黄信，黄兆纬，朱旭东，等. 连梁阻尼器在剪力墙结构中的减震效果分析［J］. 建筑科学，2017，33（5）：94-99.

［4］ 住房和城乡建设部. 超限高层建筑工程抗震设防专项审查技术要点［S］. 2015.

［5］ 天津市城乡建设委员会. 天津市超限高层建筑工程设计要点［M］. 天津：天津大学出版社，2012.

［6］ 住房和城乡建设部. 高层建筑混凝土结构技术规程：JGJ 3—2010［S］. 北京：中国建筑工业出版社，2010.

［7］ 住房和城乡建设部. 建筑抗震设计规范：GB 50011—2010［S］. 北京：中国建筑工业出版社，2010.

［8］ 刘军进，肖从真，王翠坤，等. 复杂高层与超高层建筑结构设计要点［J］. 建筑结构，2011，41（11）：34-40.

［9］ 黄信，赵宇欣，黄兆纬，等. 罕遇地震下天津湾某塔楼抗震性能分析［J］. 建筑科学，2017，33（9）：84-90.

［10］ 蒋欢军，和留生，吕西林，等. 上海中心大厦抗震性能分析和振动台试验研究［J］. 建筑结构学报，2011，32（11）：55-63.

［11］ 杨先桥，傅学怡，黄用军. 深圳平安金融中心塔楼动力弹塑性分析［J］. 建筑结构学报，2011，32（7）：40-49.

［12］ 黄兆纬，黄信，胡雪瀛，等. 津湾广场9号楼超限高层结构巨柱节点区域非线性分析［J］. 建筑结构，2014，44（2）：48-52.

［13］ LV Y, WU D, ZHU Y H, et. al. Stress state of steel plate shear walls under compression-shear combination load［J］. The Structural Design of Tall and Special Building，2018，27：e1450.

［14］ 黄信，李毅，吕杨，等. 具有抗倾覆性能的大高宽比高层结构：202020725101.6［P］. 2020-12-22.

［15］ RIBAKOV Y. Predictive controlled stiffness devices in MDOF structures［J］. Journal of Structural Control，2003，10（2）：101-115.

［16］ RIBAKOV Y. Semi-active predictive control of non-linear structures with controlled stiffness devices and friction dampers［J］. The Structural Design of Tall and Special Building，2004，13（2）：165-178.

［17］ 李宏男，李钢，李中军，等. 钢筋混凝土框架结构利用"双功能"软钢阻尼器的抗震设计［J］. 建筑结构学报，2007，28（4）：36-43.

［18］ 滕军，李祚华，高春明，等. 耗能模块型钢板阻尼器复合连梁设计及应用［J］. 地震工程与工程振动，2014，34（2）：187-194.

［19］ 汪大绥，陈建兴，包联进，等. 耗能减震支撑体系研究及其在世博中心工程中的应用［J］. 建筑结构学报，2010，31（5）：117-123.

［20］ 朱礼敏，钱基宏，张维嶽. 大跨度空间结构中黏滞阻尼器的位置优化研究［J］. 土木工程学报，2010，43（10）：22-29.

［21］ 王奇，干钢. 基于线性化等效方法的消能减震结构有效附加阻尼比计算［J］. 建筑结构学报，2012，33（11）：46-52.

［22］ 北京金土木软件技术有限公司，中国建筑标准设计研究院. ETABS中文版使用指南［M］. 北京：中国建筑工业出版社，2004.

第6章 超限框架-核心筒-伸臂桁架结构性能化抗震设计

高层建筑利用竖向交通核区域设置核心筒，在竖向交通核四周功能区布置外框架，形成框架-核心筒受力体系。框架-核心筒结构的抗侧刚度大，是目前高层建筑中最为常用的结构形式，在高层办公、公寓、酒店等建筑中广泛采用。为提升高层建筑结构的抗震性能，可在结构中设置伸臂桁架，以提高复杂高层建筑的抗侧刚度。但设置伸臂桁架会引起结构竖向刚度突变，为确保框架-核心筒-伸臂桁架结构的抗震性能，有必要对复杂高层建筑结构进行强震损伤分析及性能化抗震设计。

本章结合某超限高层结构工程，采用性能化抗震分析方法，提出伸臂桁架等关键构件性能目标，对复杂超限框架-核心筒-伸臂桁架高层结构进行不同地震水准作用下的抗震性能分析与设计，同时对伸臂桁架楼层进行减震性能分析。

6.1 框架-核心筒结构体系

框架-核心筒结构体系根据外框结构的材料形式，包括钢筋混凝土框架-核心筒结构体系和钢框架-核心筒结构体系，其中钢框架包括钢梁-钢柱外框或钢梁-钢管混凝土柱外框。钢筋混凝土框架-核心筒结构在材料成本上具有优势，但是钢框架-核心筒结构体系的适应高度大。为使核心筒和外框架有效形成整体抗侧力体系，应对外框架和内筒的剪力分配进行控制，即对框架-核心筒结构进行剪力调整。同时，要求外框架承担的总剪力比重最小值不小于5%，不满足该要求时应增大外框架的刚度，可采取增加外框柱截面尺寸或增大外框梁的截面尺寸的措施，一般增大外框梁的尺寸效果明显，但会影响建筑窗口。

为提高核心筒墙体的抗震延性，可在核心筒剪力墙内设置型钢或采用钢板剪力墙结构。为提高高层结构的抗侧刚度，可通过设置伸臂桁架和腰桁架加强内筒和外框的整体性能。设置伸臂桁架的框架-核心筒结构体系应对桁架进行抗震性能分析，确保设防地震和罕遇地震下伸臂桁架满足预定的性能目标要求[1-4]。

6.2 超限结构性能化抗震设计

高层结构高度或不规则性超过规范限值时应进行抗震性能分析[5-7]。国内学者针对超限高层建筑结构设计与抗震性能分析开展了研究。李忠献等[8] 对钢-混凝土结构进行了弹塑性分析，并基于损伤指数研究了结构的抗震能力退化，结果表明，混凝土核心筒变形能力较钢框架差。吴昊等[9] 基于最大层间位移角建立损伤指标，采用地震易损性分析方法对结构开展了地震评估，表明该方法能够有效评估巨型框架结构的地震损伤发展。何志军等[10] 对上海中心大厦结构的竖向地震反应进行分析，明确了竖向地震作用使高区伸臂桁架和巨柱的轴力占重力荷载的比值较低区增大。林瑶明等[11] 对某超限高层进行性能化抗震分析，并对结构薄弱部位进行了构造加强，分析表明，结构构件能够满足预定的性能目标。Ozugyuir[12] 针对某连体高层结构开展弹塑性分析，结果表明，采用弹塑性分析方法计算的外框柱和剪力墙的轴力和剪力较弹性分析方法增大。Lu 等[13] 针对规则高层结构提出二维简化分析方法，并分析了全支撑-框筒结构和部分支撑-框筒结构体系的抗震性能差异，结果表明，部分支撑-框筒结构体系的核心筒损伤明显。黄信等[14] 开展罕遇地震作用下某超限高层结构弹塑性分析，对超限高层结构及其构件的抗震性能及损伤发展进行研究，结果表明，剪力墙处于轻微损伤，结构构件满足预先设定的性能目标要求。上述研究主要针对竖向规则高层结构开展强震损伤分析，并未考虑建筑竖向不对称收进等对高层结构抗震性能的影响。

高层结构布置伸臂桁架可以提高结构抗侧刚度。卢啸等[15] 基于多尺度模型对设置伸臂桁架的超高层结构进行抗震分析，明确了罕遇地震作用下伸臂桁架塑性发展及其对结构整体损伤的影响，结果表明，忽略伸臂桁架塑性屈曲会高估伸臂桁架的耗能能力。方义庆等[16] 研究了设置伸臂桁架对外框受力的影响，结果表明，伸臂桁架使外框承担的倾覆力矩增加而承担剪力比降低。聂建国等[17] 对伸臂桁架-核心筒剪力墙节点进行精细化有限元分析，结果表明，剪力墙在上、下部钢板的剪切作用下形成斜压受力机制，提出了节点承载力简化计算方法。Lin 等[18] 分析了伸臂桁架设置防屈曲耗能支撑对高层结构位移的控制效果，结果表明，耗能支撑的屈服位移取值不宜过大。

综上所述，目前研究主要针对规则高层结构进行抗震性能分析，且伸臂桁架分析侧重其对结构整体性能的影响。由于建筑竖向收进等功能要求，对于多水准地震作用下竖向多处不对称收进超限高层结构的抗震性能及伸臂桁架性能设计方面缺少相关分析。

6.2.1　结构体系介绍

某超限高层结构高度为 233.1m，建筑功能主要为办公，地上建筑面积约 9 万 m²。建筑地面以上 48 层，地下 2 层，首层和第 2 层层高为 6m，其他楼层层高为 4.5m。结构三维模型和现场施工如图 6-1 所示。

建筑平面呈长方形，为满足建筑大空间效果，建筑存在 3 处楼板大开洞；建筑立面在第 6 层、20 层和 39 层存在三处竖向收进。

结构核心筒墙体厚度沿高度由 900mm 渐变至 500mm，钢管混凝土外框柱尺寸由 1200mm×1200mm 渐变至 900mm×500mm，混凝土强度等级由 C60 渐变至 C40；钢筋采用 HRB400，其中底部加强区剪力墙纵筋采用 HRB500。结构标准层布置如图 6-2 所示。

6.2.2　结构抗震性能目标

通过对结构高度超限情况及水平和竖向不规则性进行分析可知，结构高度超过钢管混

(a) 三维模型　　　　　　　　　(b) 现场施工

图 6-1　结构三维模型和现场施工

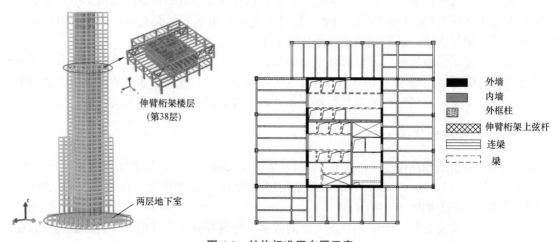

伸臂桁架楼层
(第38层)

两层地下室

	外墙
	内墙
	外框柱
	伸臂桁架上弦杆
	连梁
	梁

图 6-2　结构标准层布置示意

凝土框架-钢筋混凝土核心筒结构高度限值，结构在第 2 层和第 37 层存在楼板大开洞，在第 39 层存在局部墙和梁上起柱。

　　根据《超限高层建筑工程抗震设防专项审查技术要点》[3] 和《天津市超限高层建筑工程设计要点》[4]，针对本工程结构的特点和超限情况，抗震性能目标选用 D 级。结构各部位构件在地震作用下的性能目标如表 6-1 所示，其中 V 为地震作用下构件的剪力，f_{ck} 为混凝土轴心抗压强度标准值，b 为构件的截面宽度，h_0 为构件的截面有效高度。

结构主要抗侧力构件的抗震性目标 表 6-1

抗震设防	多遇地震	设防地震	罕遇地震
内筒(底部加强区)	弹性	受弯不屈服、受剪弹性	承载力按极限值核查,但斜截面满足剪压比要求,即 $V/(f_{ck} \times b \times h_0) \leqslant 0.15$
内筒(非底部加强区)	弹性	抗震承载力按极限值复核,斜截面满足剪压比要求	允许较多剪力墙屈服,但斜截面满足剪压比要求,即 $V/(f_{ck} \times b \times h_0) \leqslant 0.15$
连梁	弹性	允许屈服,斜截面满足剪压比要求	允许屈服,允许部分连梁发生严重破坏
外框柱	弹性	受弯、受剪不屈服,斜截面满足剪压比要求	允许屈服,但斜截面满足 $V/(f_{ck} \times b \times h_0) \leqslant 0.15$
外框梁	弹性	允许屈服	允许屈服

6.2.3 多遇地震结构抗震分析

考虑超限高层结构处于高烈度地区,初步方案时结构体系采用钢管混凝土框架-钢筋混凝土核心筒结构体系。为满足建筑立面收进的建筑效果要求,结构在竖向存在 3 处较大的收进,造成结构质心与刚心偏离。在方案设计阶段通过调整竖向构件刚度来减小质心和刚心的偏离,其处理方法是将结构扭转相对明显的内筒左、下方外墙加厚,如图 6-3 所示,其中短向为 X 方向,长向为 Y 方向。

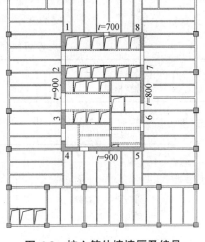

高层结构荷载对结构地震力影响较大,为有效控制结构地震作用,改善结构抗震性能,对结构楼层的恒荷载和活荷载进行分析,楼层分布质量主要在 $1.2 \sim 1.5 \text{t/m}^2$,标准楼层以及避难层的恒、活荷载分布如图 6-4 所示。

图 6-3 核心筒外墙墙厚及编号

可知,第 15 层恒荷载占荷载的比重为 91%,避难层地面(第 10 计算层)恒荷载占荷载的比重为 74%,说明楼层质量主要由恒荷载控制。钢管混凝土柱和钢框梁所占恒荷载比例较小,核心筒剪力墙占恒荷载比例较大,所以在满足结构抗侧刚度条件下,通过控制剪力墙的厚度

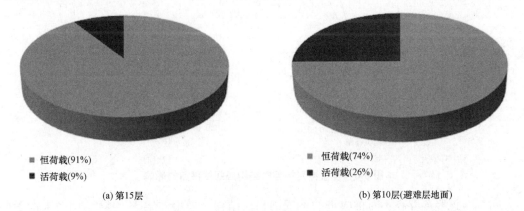

■ 恒荷载(91%)	■ 恒荷载(74%)
■ 活荷载(9%)	■ 活荷载(26%)

(a) 第15层 (b) 第10层(避难层地面)

图 6-4 典型楼层恒荷载和活荷载分布

能够有效地减小楼层质量，进而降低地震力，并且具有较好的经济效益。

由于建筑竖向收进导致结构短向抗侧刚度较弱，且结构第 39 层存在梁上起柱，为提高结构整体抗侧能力，在结构第 38 层（避难层）短向设置伸臂桁架。结构短向伸臂桁架布置如图 6-5 所示，设置伸臂桁架对结构层间位移角的影响如表 6-2 所列和图 6-6 所示。

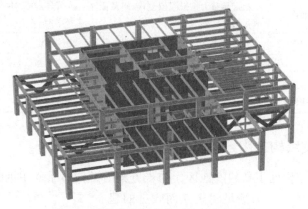

图 6-5　结构上部短向伸臂桁架布置示意

设置伸臂桁架前后结构层间位移角对比　　　　　　　　　　表 6-2

是否设置伸臂桁架	层间位移角（限值 1/533）	
	X 向	Y 向
否	1/474	1/588
是	1/593	1/607

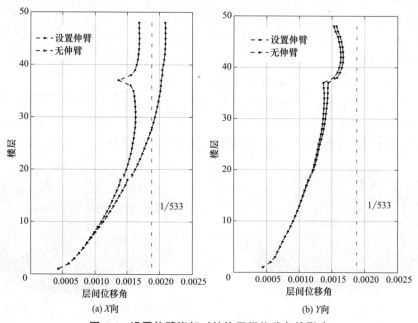

图 6-6　设置伸臂桁架对结构层间位移角的影响

可知，该竖向存在不对称收进的不规则高层结构，采用框架-核心筒结构而未设置伸臂桁架时，X 向层间位移角为 1/474，不满足规范位移角限值要求；当在结构刚度较弱的

X 向设置伸臂桁架后，结构 X 向位移角减小至 $1/593$，说明设置伸臂桁架能够有效地提高结构 X 向的抗侧刚度；同时可知，仅在 X 向设置伸臂桁架时对结构 Y 向抗侧刚度也有一定的提高，Y 向位移角由 $1/588$ 减小至 $1/607$。

通过结构自振特性分析得到的结构前三阶自振周期分别为 $5.11\mathrm{s}$、$4.54\mathrm{s}$ 和 $1.86\mathrm{s}$，结构主振型为平动振型。结构前三阶自振频率如图 6-7 所示。

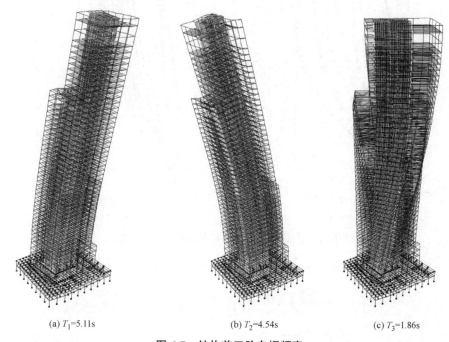

(a) $T_1=5.11\mathrm{s}$ (b) $T_2=4.54\mathrm{s}$ (c) $T_3=1.86\mathrm{s}$

图 6-7 结构前三阶自振频率

采用 5 条天然波和 2 条人工波对该高层结构进行小震弹性时程分析，得到结构的层间位移角曲线如图 6-8 所示，可知 7 条地震波作用下的 X 向和 Y 向的平均位移角分别为 $1/644$ 和 $1/624$，均满足规范限值要求。结构设计时，小震作用采用反应谱和弹性时程结果进行包络设计。

地震作用下框架和核心筒剪力墙在 X 向和 Y 向的倾覆弯矩分配比例如图 6-9 所示。

可知，地震作用下 X 方向底部倾覆弯矩，框架占 24.1%，剪力墙占 75.9%；地震作用下 Y 方向底部倾覆弯矩，框架占 14.4%，剪力墙占 85.6%。

为确保结构外框架和内筒能够有效形成整体受力体系，应分析外框架和内筒竖向构件承担楼层剪力的比例。小震作用下外框架和内筒剪力墙的剪力分配比例如图 6-10 所示。

可知，结构第 2 层外框架承担的剪力比值最小，第 2 层 X 和 Y 向外框架承担的剪力占总楼层剪力的比值分别为 6.19% 和 5.22%，外框架承担的楼层剪力比大于 5%，说明外框架和内筒能够形成双重抗侧力体系。如果外框架承担楼层剪力较低，则应增加外框架的刚度，保证楼层剪力在外框架和内筒剪力墙之间的合理分配。

同时可知，伸臂桁架所在楼层的外框架 X 向剪力承担比例相比其他楼层有明显增大，说明伸臂桁架增加了该层的外框架和内筒的协同工作能力，进一步说明了伸臂桁架有效地提高了结构的抗侧刚度。

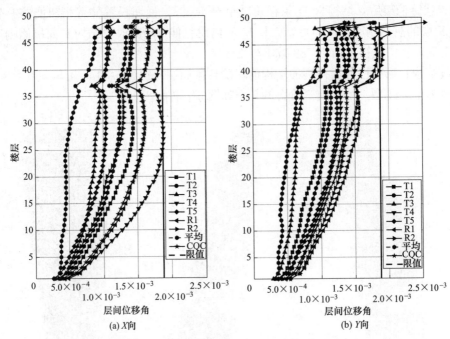

(a) X向

(b) Y向

图 6-8　小震弹性时程分析下结构层间位移角

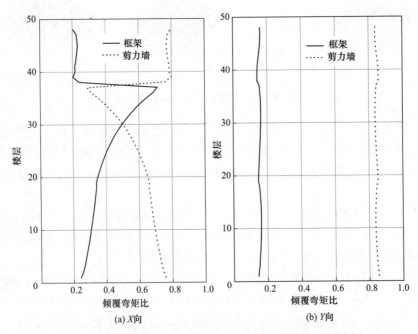

(a) X向

(b) Y向

图 6-9　地震作用下框架和核心筒剪力墙倾覆弯矩分配比例

6.2.4　设防地震结构抗震分析

　　根据表 6-1 中预定的结构构件性能目标，对高层结构采用等效弹性分析方法进行设防地震作用分析，确定核心筒剪力墙配筋，分析设防地震作用下伸臂桁架弦杆的应力比。限于篇幅，以下仅介绍设防地震作用下核心筒剪力墙的抗拉性能分析。

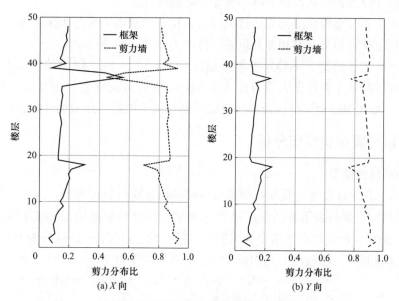

图 6-10　小震作用下外框架和内筒剪力墙的剪力分配比例

为确保中震作用下内筒剪力墙满足延性设计要求，对首层内筒剪力墙进行中震抗拉性能分析，剪力墙等效名义拉应力为：

$$\sigma_{mt} = \frac{N_D + 0.5N_L + N_E}{A} \tag{6-1}$$

式中，σ_{mt} 为中震作用下剪力墙等效名义拉应力；N_D 为恒荷载作用下剪力墙承担的轴力；N_L 为活荷载作用下剪力墙承担的轴力；N_E 为地震作用下剪力墙承担的轴力。

表 6-3 仅给出中震作用下首层内筒部分剪力墙的等效名义拉应力分析结果，其中内筒剪力墙编号参见图 6-3。由于剪力墙为组合截面设计，剪力墙的轴力采用组合墙中每片剪力墙轴力的组合，取值为水平 X 向和 Y 向地震作用下荷载组合的较大值，表中内力负值代表受压，正值代表受拉。

中震作用下内筒剪力墙等效名义拉应力　　　　　　　　　表 6-3

墙体编号	小震内力(kN)	中震内力(kN)	中震应力(MPa)
1	−144021	15199	1.50
2	−142064	5396	0.59
3	−97031	7132	1.2
4	−79651	11834	2.07
5	−212052	34689	2.5
6	−40938	6333	2.57
7	−133440	22366	2.56
8	−110636	25317	2.97

可知，小震作用下内筒外墙处于受压状态；中震作用下内筒外墙处于受拉状态，其中存在 1 片剪力墙的等效名义拉应力大于墙体混凝土材料的抗拉强度标准值 2.85MPa，可

提高受拉配筋予以加强，从而改善核心筒剪力墙的延性。

中震作用下不考虑伸臂桁架周边楼板参与工作，伸臂桁架弦杆和腹杆采用 Q390GJ 钢材。中震作用下伸臂桁架及其相连外框柱杆件内力如图 6-11 所示。

可知，伸臂相连的上、下楼层外框柱最大应力比为 0.82，位于伸臂桁架所在楼层；中震作用下伸臂桁架上弦杆最大应力比为 0.89，下弦杆最大应力比为 0.85，腹杆最大应力比为 0.86；可知伸臂桁架杆件及其相连的外框柱满足中震不屈服的性能目标要求。

6.2.5 罕遇地震结构损伤分析

1. 结构非线性模型

采用 ABAQUS 软件建立复杂高层建筑结构损伤非线性分析模型，混凝土采用损伤塑性本构模型[12-13]，钢材采用双线性随动强化模型，伸臂桁架采用 Q390GJ 钢材，其他部位钢材选用 Q345；设钢材塑性应变为屈服应变的 2 倍、4 倍、6 倍时分别对应轻微损坏、轻度损坏和中度损坏三种程度，常用的 Q345 钢屈服应变近似为 0.002。梁、柱采用杆系

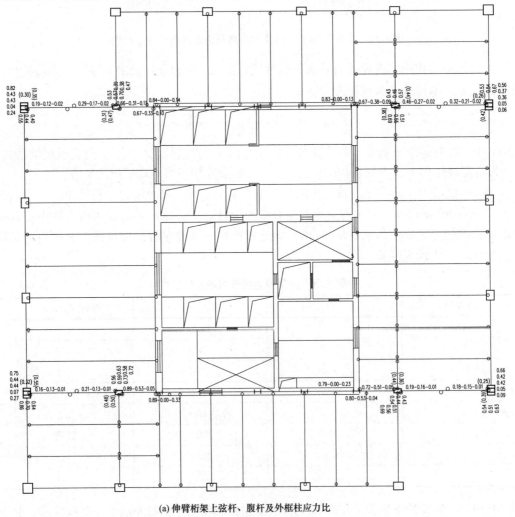

(a) 伸臂桁架上弦杆、腹杆及外框柱应力比

图 6-11 伸臂桁架及其相连外框柱杆件应力比（一）

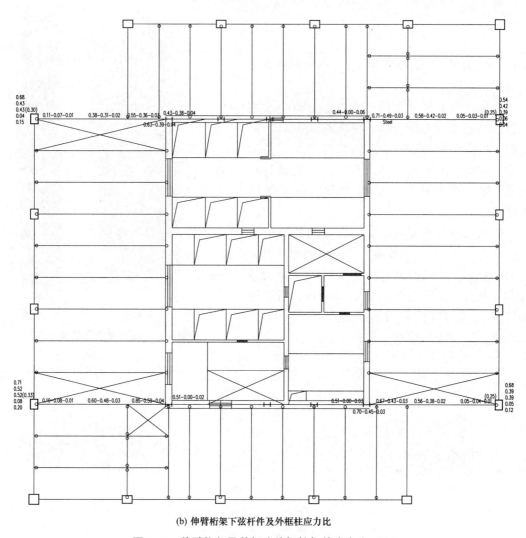

(b) 伸臂桁架下弦杆件及外框柱应力比

图 6-11 伸臂桁架及其相连外框柱杆件应力比（二）

单元，楼板采用四边形或者三角形减缩积分单元进行模拟，剪力墙由多个细化混凝土壳元＋分层分布钢筋＋两端约束边缘构件组成，以承受竖向荷载和抗剪为主。结构有限元模型如图 6-12 所示。

在非线性动力时程分析中采用瑞雷（Rayleigh）阻尼模拟结构的黏滞阻尼。瑞雷阻尼矩阵的表达式为：

$$C = \alpha M + \beta K \tag{6-2}$$

式中，C、M 与 K 分别为阻尼矩阵、质量矩阵与刚度矩阵；α 为质量系数；β 为刚度系数。

质量系数 α 与结构振型阻尼比的关系为：

$$\lambda_i = \alpha \frac{T_i}{4\pi} \tag{6-3}$$

刚度系数 β 与结构振型阻尼比的关系为：

$$\lambda_i = \beta \frac{\pi}{T_i} \qquad (6\text{-}4)$$

式中，λ_i 为第 i 阶振型阻尼比；T_i 为第 i 阶振型周期。

非线性分析中建立两个非线性分析步对结构进行罕遇地震时程分析。首先施加重力方向荷载，包括结构自重、全部恒荷载与 0.5 倍活荷载；在第二个非线性分析步中输入地震时程荷载，第一个分析步中的重力方向荷载保持不变。

采用双向地震输入，主、次方向的峰值加速度比为 1：0.85，将地震主方向峰值加速度调整为 310gal。非线性时程分析选择的 2 条天然波和 1 条人工波的波形如图 6-13 所示，所选地震波满足《建筑抗震设计规范》GB 50011—2010 第 5.1.2 条的要求。

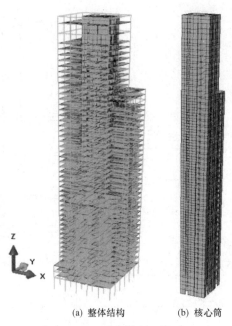

(a) 整体结构　　　　(b) 核心筒

图 6-12　结构有限元模型

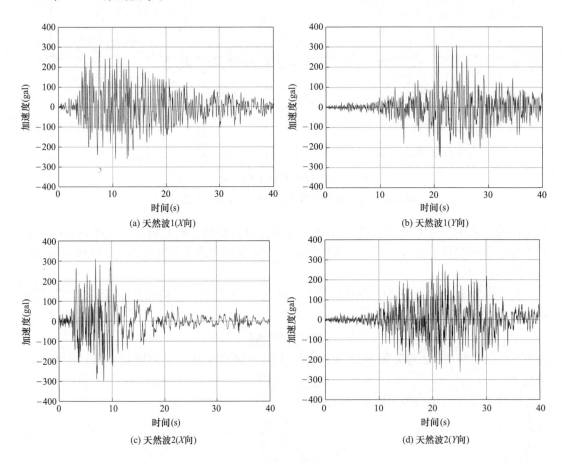

(a) 天然波1(X向)

(b) 天然波1(Y向)

(c) 天然波2(X向)

(d) 天然波2(Y向)

图 6-13　罕遇地震波波形曲线（一）

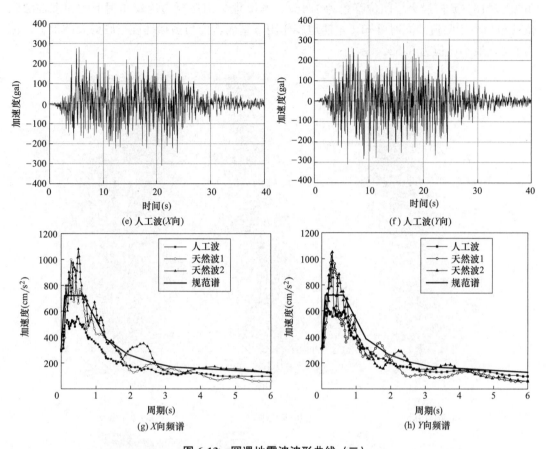

(e) 人工波(X向)

(f) 人工波(Y向)

(g) X向频谱

(h) Y向频谱

图 6-13 罕遇地震波波形曲线（二）

2. 结构动力特性及整体受力

ABAQUS 计算出的结构前 6 阶振型如图 6-14 所示，ABAQUS 软件与 YJK 软件计算的结构自振周期对比如表 6-4 所列。

结构自振周期对比（s）   表 6-4

软件	1 阶	2 阶	3 阶	4 阶	5 阶	6 阶
ABAQUS	4.28	4.17	1.71	1.06	0.98	0.69
YJK	4.32	4.16	2.06	1.09	0.98	0.79

可知 ABAQUS 计算的自振周期与 YJK 较为一致，说明了 ABAQUS 计算模型合理。

罕遇地震作用下，钢管混凝土框架-核心筒结构的层间位移角如图 6-15 和图 6-16 所示。

罕遇地震作用下，钢管混凝土框架-核心筒结构的最大层间位移角和基底剪力如表 6-5 所列。

根据现行《高层建筑混凝土结构技术规程》JGJ 3 规定，框架-核心筒结构弹塑性层间位移角的限值为 1/100。可见，地震输入以 X 向为主时，结构主体中 X 向最大层间位移角为 1/142，Y 向最大层间位移角为 1/186；地震输入以 Y 向为主时，X 向最大层间位移角为 1/216，Y 向最大层间位移角为 1/154。本工程结构在罕遇地震作用下的弹塑性层间位移角均小于限值。同时可知，罕遇地震作用下基底剪力与多遇地震基底剪力的最大比值为 5.2，最小比值为 3.52。

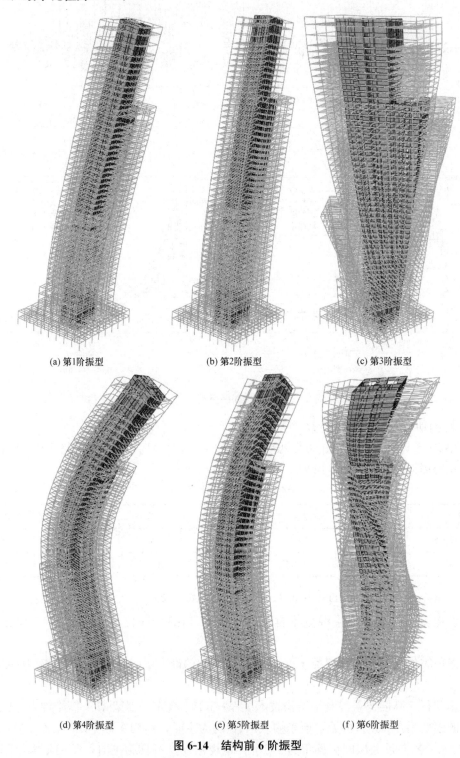

(a) 第1阶振型   (b) 第2阶振型   (c) 第3阶振型

(d) 第4阶振型   (e) 第5阶振型   (f) 第6阶振型

图 6-14　结构前 6 阶振型

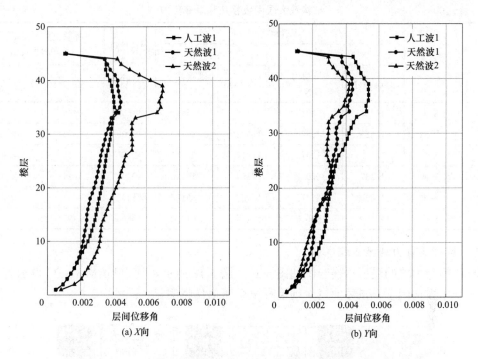

图 6-15　*X* 主向罕遇地震作用下结构各层最大层间位移角

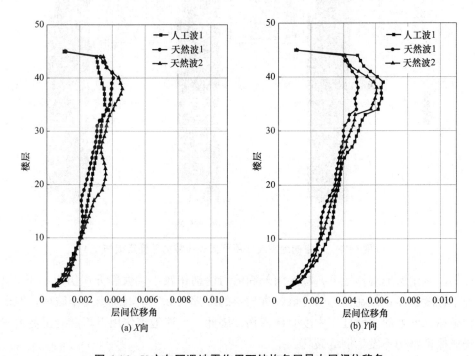

图 6-16　*Y* 主向罕遇地震作用下结构各层最大层间位移角

3. 结构构件性能状态分析

对剪力墙的受压损伤和钢筋的塑性应变进行分析，明确剪力墙的拉压受力状态，分析连梁和外框柱的性能状态。

结构最大层间位移角和基底剪力
表 6-5

方向		罕遇地震				频遇地震下基底剪力(kN)	罕遇与频遇地震下基底剪力比值	
		X 为主方向		Y 为主方向			X 为主方向	Y 为主方向
		层间位移角	基底剪力(kN)	层间位移角	基底剪力(kN)			
天然波1	X 向	1/224	203917	1/246	205485	41255	4.94	4.98
	Y 向	1/228	142826	1/203	161379	40600	3.52	3.97
天然波2	X 向	1/142	212875	1/216	193411	41255	5.16	4.68
	Y 向	1/237	168012	1/164	211120	40600	4.14	5.20
人工波	X 向	1/231	181779	1/265	186472	41255	4.41	4.52
	Y 向	1/186	160018	1/154	154280	40600	3.94	3.80

1）核心筒剪力墙性能状态

核心筒剪力墙的受压损伤云图如图 6-17、图 6-18 所示，其中 DAMAGEC 表示剪力墙混凝土受压损伤因子，该数值越大则混凝土受压损伤越明显。

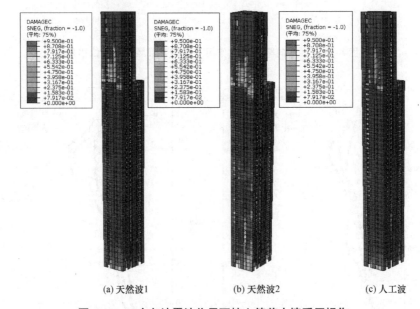

(a) 天然波1 (b) 天然波2 (c) 人工波

图 6-17 **X 主向地震波作用下核心筒剪力墙受压损伤**

可知，在罕遇地震作用下，核心筒外周剪力墙损伤较小，大部分损伤值小于 0.1，剪力墙处于轻度损坏；仅在顶部剪力墙收进楼层的局部区域发生混凝土受压破坏，但未发生大面积破坏，此处剪力墙处于中度受压损伤。因此，罕遇地震作用下，混凝土剪力墙承载能力仍能保证结构不发生倒塌破坏。

由于核心筒剪力墙承担较大的地震力，混凝土抗拉性能较差，地震作用下剪力墙混凝土发生开裂，此时拉力由钢筋承担。为分析核心筒剪力墙内钢筋屈服情况，图 6-19、图 6-20 给出了核心筒剪力墙钢筋应变云图，图中应变值减去 0.002 即为钢筋的塑性应变。

可知，核心筒剪力墙收进部位以下楼层的剪力墙钢筋塑性应变最大值为 0.0025—

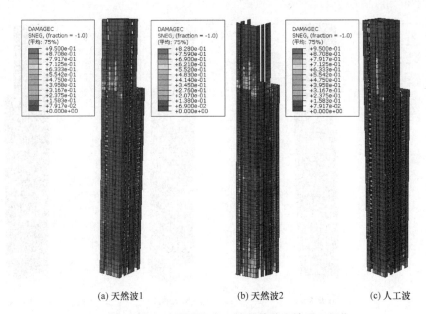

(a) 天然波1　　　　　　　(b) 天然波2　　　　　　　(c) 人工波

图 6-18　*Y* 主向地震波作用下核心筒剪力墙受压损伤

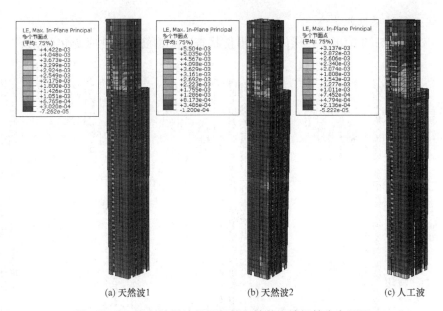

(a) 天然波1　　　　　　　(b) 天然波2　　　　　　　(c) 人工波

图 6-19　*X* 主向地震波作用下核心筒剪力墙钢筋应变云图

0.002＝0.0005；钢筋塑性应变最大值发生在上部核心筒剪力墙收进楼层，钢筋塑性应变最大值为 0.0033－0.002＝0.0013，按剪力墙受拉状态可知剪力墙受力性能处于轻微损坏。

　　综上所述，由剪力墙混凝土受压状态及钢筋受拉状态可知，大部分剪力墙混凝土处于轻度损坏，仅在上部核心筒收进楼层的部分剪力墙处于中度损坏，在罕遇地震作用下核心筒剪力墙仍能保持良好的承载能力。对于上部核心筒收进楼层损伤较大部位的剪力墙，可以在施工图中通过增加配筋进行加强设计。

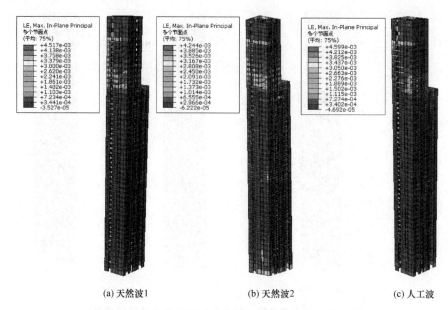

(a) 天然波1　　　　　　　(b) 天然波2　　　　　　　(c) 人工波

图 6-20　*Y* 主向地震波作用下核心筒剪力墙钢筋应变云图

2）核心筒连梁性能状态

图 6-21～图 6-23 给出了连梁的受压损伤状态以及钢筋的塑性应变分布情况。

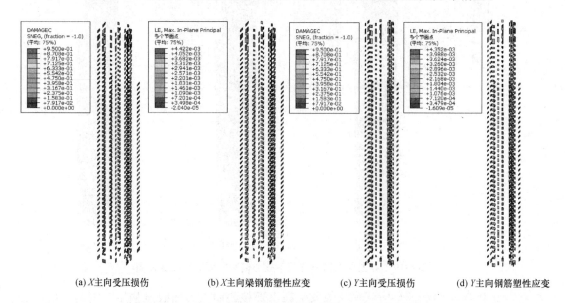

(a) *X*主向受压损伤　　(b) *X*主向梁钢筋塑性应变　　(c) *Y*主向受压损伤　　(d) *Y*主向钢筋塑性应变

图 6-21　天然波 1 作用下连梁受压损伤状态及钢筋塑性应变

可以看出，连梁发生了明显的受压损伤，角部区域的大部分连梁的钢筋塑性应变达到 0.0033－0.002＝0.0013，说明罕遇地震作用下连梁进入塑性，通过连梁发挥耗能作用，有效地保护了主墙肢的完整性。

3）外框柱性能状态

图 6-24、图 6-25 给出了罕遇地震作用下外框柱的应变。

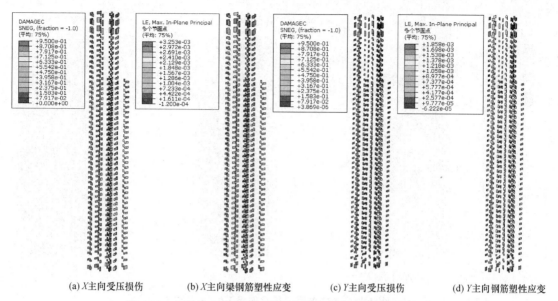

(a) X主向受压损伤　　　(b) X主向梁钢筋塑性应变　　　(c) Y主向受压损伤　　　(d) Y主向钢筋塑性应变

图 6-22　天然波 2 作用下连梁受压损伤状态及钢筋塑性应变

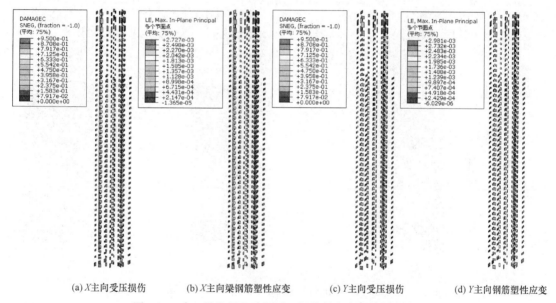

(a) X主向受压损伤　　　(b) X主向梁钢筋塑性应变　　　(c) Y主向受压损伤　　　(d) Y主向钢筋塑性应变

图 6-23　人工波作用下连梁受压损伤状态及钢筋塑性应变

可知，在罕遇地震下外框柱最大塑性应变为 0.0002，外框梁最大塑性应变为 0.0041，外框梁塑性发展较外框柱明显，大部分外框柱处于弹性，外框梁处于轻度损坏状态。

考虑伸臂楼层刚度较大，地震剪力会通过楼板进行传递，需进一步分析伸臂桁架所在楼层的楼板受力状态。图 6-26～图 6-28 给出了伸臂构件应变及所在楼层楼板混凝土损伤和钢筋应变状态。

可知，伸臂桁架杆件及其相连外框柱处于弹性状态。桁架上、下弦杆所在楼板局部受压损伤最大为 0.85，楼板钢筋最大应变为 0.0017。伸臂杆件所在的楼板处于中度损坏，说明伸臂桁架所在楼层的楼板由于传递水平力，楼板损伤较为明显，在结构施工图阶段可以通过增加配筋对楼板进行加强。

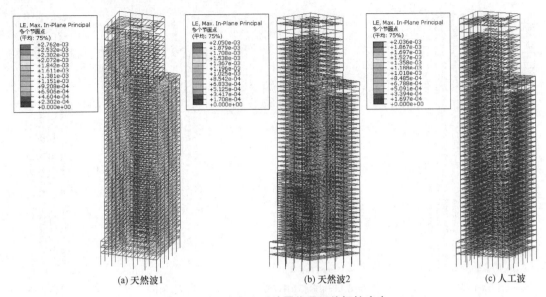

(a) 天然波1　　　　　　　(b) 天然波2　　　　　　　(c) 人工波

图 6-24　X 主向罕遇地震作用下外框柱应变

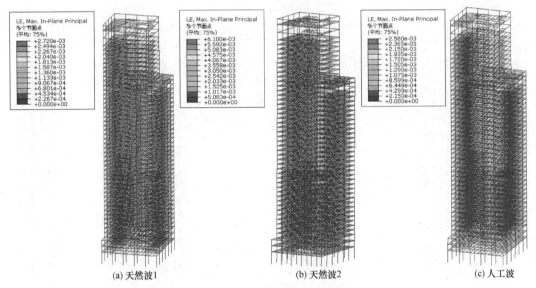

(a) 天然波1　　　　　　　(b) 天然波2　　　　　　　(c) 人工波

图 6-25　Y 主向罕遇地震作用下外框柱应变

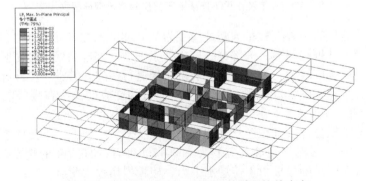

图 6-26　X 主向天然波 1 作用下伸臂层构件应变

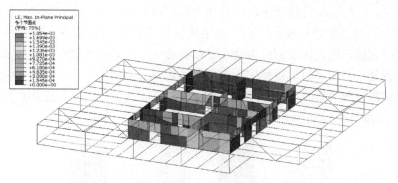

图 6-27　Y 主向天然波 1 作用下伸臂层构件应变

(a) 混凝土受压损伤

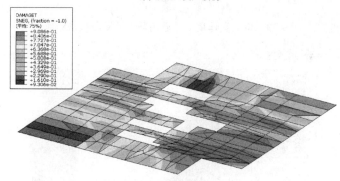

(b) 混凝土受拉损伤

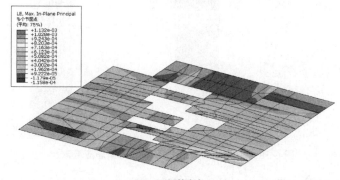

(c) 钢筋应变

图 6-28　X 主向天然波 2 作用下伸臂桁架下弦杆所在楼层楼板受力状态

综上所述，结构层间位移角满足罕遇地震层间位移角限值 1/100 的要求，结构构件满足预先设定的 D 级性能目标要求，在罕遇地震作用下结构仍能保持良好的承载能力。对于结构上部存在损伤较大部位的剪力墙，可以在施工图中通过增加配筋进行加强设计。

为进一步分析地震波幅值对竖向不对称的不规则高层结构损伤分布的影响，采用天然波 1 分别对结构进行中震和大震弹塑性时程分析。核心筒剪力墙受压损伤和钢筋应变对比分别如图 6-29 和图 6-30 所示。

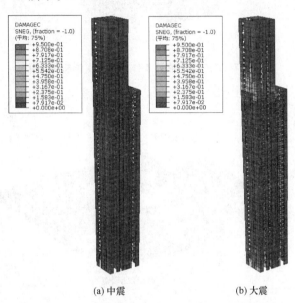

(a) 中震　　　　　　　　(b) 大震

图 6-29　中大震作用下核心筒剪力墙受压损伤对比

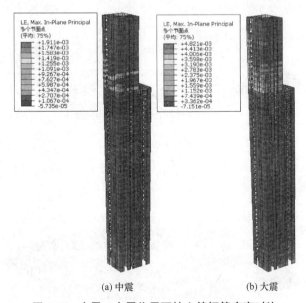

(a) 中震　　　　　　　　(b) 大震

图 6-30　中震、大震作用下核心筒钢筋应变对比

可知，相对中震作用而言，大震作用下核心筒剪力墙受压损伤和钢筋应变增大，尤其连梁损伤发展明显。同时可知，中震和大震作用下的结构损伤分布较为一致，其损伤发展较大区域均位于伸臂楼层及其相邻上部区域。

4）关键构件剪压比和极限承载力复核

按照设定的性能目标要求，需要对大震作用下关键构件的承载力进行复核，确保其达到设定的性能指标，同时保证竖向构件满足抗剪截面限制条件。

依据《天津市超限高层建筑工程设计要点》，设定层结构抗震性能目标为 D 级，结构关键构件在大震作用下按极限承载力复核时应满足式（5-1）的要求，竖向构件抗剪截面限制条件应满足式（5-2）的要求。

考虑现有软件分析中材料强度不能采用极限强度进行计算，故对于式（5-1）采用材料极限强度验算时，依据《高层建筑混凝土结构技术规程》JGJ 3—2010 第 7.2.8～7.2.11 条的剪力墙构件偏心受压正截面承载力、偏心受力正截面承载力以及斜截面受剪承载力计算式，编制计算表格，进行关键构件的承载复核。

依据抗震性能目标，分别对内筒剪力墙和外框柱的抗剪截面进行验算。图 6-31 所示为首层墙体和柱编号，表 6-6 给出了部分剪力墙和外框柱的剪压比计算结果，可知剪力墙和框架柱的剪压比均小于限值 0.15，满足预定的性能目标要求。

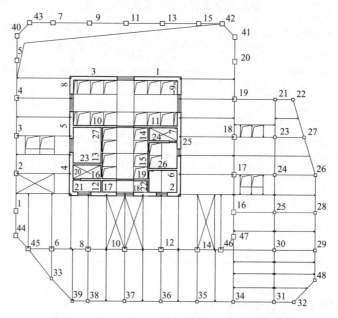

图 6-31 首层（底部加强区）墙体和柱编号示意

首层（底部加强区）剪力墙和外框柱剪压比验算　　　　　　　表 6-6

编号	剪力(kN)	f_{ck}(N/mm²)	b(m)	h_0(m)	剪压比 $V/(f_{ck} \cdot b \cdot h_0)$
墙 1	23160.3	38.5	0.8	9.56	0.08
墙 2	5033.3	38.5	0.8	2.29	0.07
墙 3	22322.9	38.5	0.8	9.56	0.08
墙 4	24752.1	38.5	0.8	8.46	0.09
墙 5	21837.1	38.5	0.8	5.24	0.14
柱 3	1198.4	38.5	0.9	1	0.03

续表

编号	剪力(kN)	f_{ck}(N/mm²)	b(m)	h_0(m)	剪压比 $V/(f_{ck} \cdot b \cdot h_0)$
柱10	1708.3	38.5	0.9	1	0.05
柱11	1488	38.5	0.9	1	0.04
柱18	1553.7	38.5	0.9	1	0.04
柱40	1258.9	38.5	0.9	1	0.04

依据性能目标要求，对底部加强区的剪力墙进行极限承载力复核。表 6-7 给出了罕遇地震作用下底部加强区剪力墙极限承载力复核结果，在施工图中通过提高分布筋配筋率而降低边缘构件配筋，其中，S_{GE} 为重力荷载代表值产生的内力；S_{Ek}^* 为地震产生的内力；N、M、V 为剪力墙最不利受力组合，即由 $S_{GE}+S_{Ek}^*$ 产生的内力；R_u 为结构构件的极限承载力，按材料最小极限强度计算。可知罕遇地震作用下，关键构件承载力按极限值满足 $S_{GE}+S_{Ek}^*<R_u$ 的要求。

底部加强区剪力墙极限承载力复核 表 6-7

墙号	不利荷载组合			混凝土极限抗压强度(N/mm²)	钢筋强度(N/mm²)	竖向分布筋配筋率(%)	边缘构件配筋率(%)	$(S_{GE}+S_{Ek}^*)/R_u$
	N(kN)	M(kN)	V(kN)					
1	169907.2	342588.9	23160.3	52.8	625	0.6	7	0.99
2	54191	28885	5033.3	52.8	625	0.6	6	0.82
3	158153	440212.4	22322.9	52.8	625	0.6	7.5	0.97
4	160267.8	367297.6	24752.1	52.8	625	0.6	7.5	0.97
5	98352.7	131085.4	21837.1	52.8	625	0.6	9	0.97
6	180509	243762.8	15372.8	52.8	625	0.6	7.5	0.95
7	118072	263324.9	30611.7	52.8	625	0.6	12	0.93
8	158153	440212.4	8199.5	52.8	625	0.6	7.5	0.97

6.3　伸臂桁架性能分析与设计

框架-核心筒结构通过设置伸臂桁架，有效地提高了高层结构的抗侧刚度。应对伸臂桁架进行性能化抗震设计，确保不同设防地震下伸臂桁架的抗震性能。

6.3.1　伸臂桁架性能设计

为满足小震作用下结构的层间位移角要求，伸臂桁架上、下弦杆尺寸分别采用 $600×400×30×30$（mm）和 $550×350×30×30$（mm），腹杆尺寸采用 $500×350×25×25$（mm）即可。由于伸臂桁架是结构的关键构件，在满足小震结构抗侧刚度和杆件应力比要求下，伸臂桁架尚应满足中震、大震作用下的抗震性能要求。

对伸臂桁架进行中震等效弹性分析，中震作用下不考虑伸臂桁架周边楼板参与工作，此时采用小震确定的伸臂桁架杆件尺寸，则中震作用下伸臂桁架杆件应力比大于 1.5，说明伸臂桁架在中震作用下进入塑性较为明显，不满足预定的性能目标要求。因此，增大伸臂桁架杆件尺寸，伸臂桁架弦杆和腹杆采用 Q390GJ 钢材。由小震和中震作用分别确定的伸臂桁架杆件尺寸对比如表 6-8 所列，中震作用下伸臂桁架及相连的外框柱应力比如表 6-9 所列。

小震和中震确定的伸臂桁架杆件尺寸对比（mm）　　　　表 6-8

工况	伸臂桁架		
	上弦杆	下弦杆	腹杆
多遇地震	600×400×30×30	550×350×30×30	500×350×25×25
设防地震	900×500×100×100	800×500×75×75	700×400×50×48

中震作用下伸臂桁架及相连的外框柱应力比　　　　表 6-9

工况	伸臂桁架			外框柱
	上弦杆	下弦杆	腹杆	
设防地震	0.89	0.85	0.86	0.82

可知，通过调整伸臂桁架杆件截面尺寸，中震作用下伸臂桁架杆件应力比控制在 0.9 以下，满足中震不屈服的抗震性能目标。同时可知，在伸臂桁架中震性能化设计过程中，持续增大伸臂桁架的杆件尺寸并不能有效提高伸臂桁架的抗震性能，主要是由于伸臂桁架杆架尺寸增大后，其伸臂结构整体刚度增加，吸收的地震力也明显增加。所以在伸臂桁架设计时，应对伸臂桁架杆件的尺寸和伸臂楼层的整体刚度进行协调设计，不能单独地增加伸臂桁架杆件的尺寸，可考虑调整钢材标号或调整伸臂楼层刚度与结构整体刚度的比例。

6.3.2　关键节点分析

为分析伸臂桁架弦杆与斜腹杆交汇节点区域的受力状态，利用有限元软件建立节点实体模型进行精细化计算分析。选取伸臂桁架上方有外框柱的节点进行分析，节点位置如图 6-32 所示。

节点有限元模型如图 6-33 所示。为模拟结构在荷载作用下的塑性性能，钢材采用理想弹塑性模型，混凝土采用损伤塑性本构模型。

按中震不屈服内力进行节点受力分析，采用一种最不利荷载工况荷载对节点进行实际受力分析，荷载工况组合为 1.0(D+0.5L)

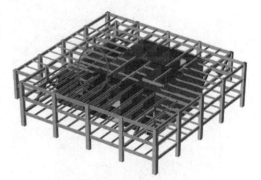

图 6-32　伸臂桁架分析节点位置

+1.0SRSS，其中 D 为恒荷载，L 为活荷载，SRSS 为地震作用。图 6-34 给出了不利荷载工况下节点区域钢结构的应力分布。

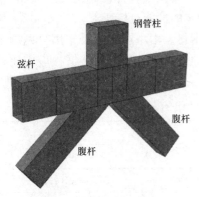

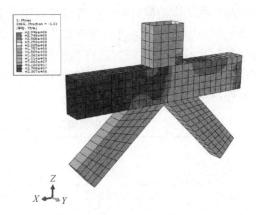

图 6-33 节点有限元模型　　　　　　　图 6-34 节点钢结构应力分布

可以看出，节点整体区域的最大应力为 299MPa，主要由应力集中造成。同时，应力集中区域较小，除去应力集中的区域，则钢材最大应力在 210MPa 左右。此时，钢材应力状态小于材料的屈服应力，说明钢材安全有储备。

6.3.3　楼板性能分析

按照设定的性能目标，采用 ETABS 软件对中震作用下伸臂桁架所在楼层的楼板应力进行分析，楼板应力云图如图 6-35、图 6-36 所示。

可知，中震作用下伸臂桁架上弦杆所在楼层在 X 向地震作用下楼板拉应力最大值为 6.4MPa，拉应力主要在 2～5 MPa，压应力最大值为 5.4MPa，压应力主要在 1～3MPa；Y 向地震作用下楼板拉应力最大值为 1.4MPa，拉应力主要在 0.5～1MPa，压应力最大值为 5.1MPa，压应力主要在 1～2MPa。伸臂桁架下弦杆所在楼层在 X 向地震作用下楼板拉应力最大值为 4.2MPa，拉应力主要在 1～2MPa，压应力最大值为 4.6MPa，压应力主要在 1～3MPa；Y 向地震作用下楼板拉应力最大值为 1.1MPa，拉应力主要在 0.1～

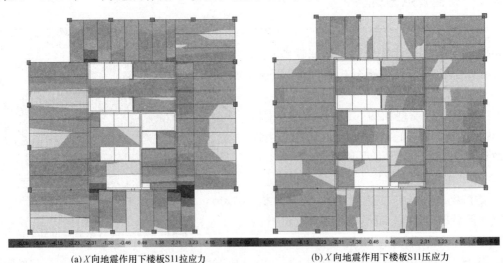

(a)X向地震作用下楼板S11拉应力　　　　　　(b)X向地震作用下楼板S11压应力

图 6-35　伸臂桁架上弦杆所在楼层的楼板应力云图（一）

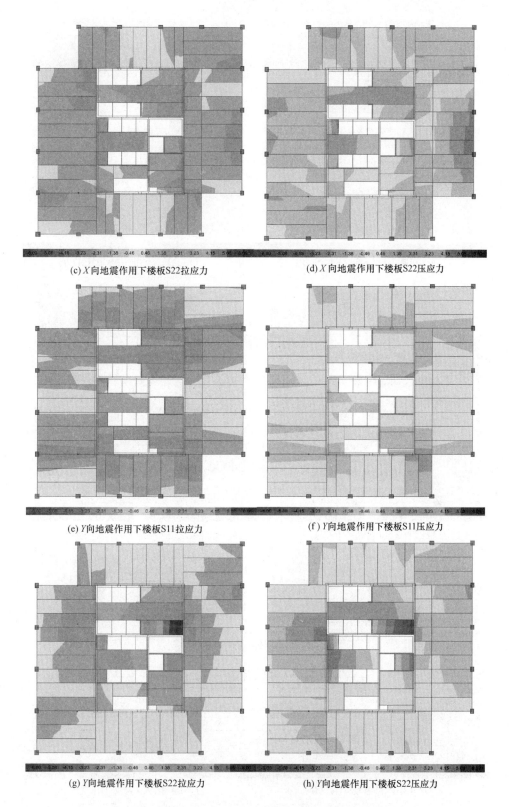

(c) X向地震作用下楼板S22拉应力　　　　　　(d) X向地震作用下楼板S22压应力

(e) Y向地震作用下楼板S11拉应力　　　　　　(f) Y向地震作用下楼板S11压应力

(g) Y向地震作用下楼板S22拉应力　　　　　　(h) Y向地震作用下楼板S22压应力

图 6-35　伸臂桁架上弦杆所在楼层的楼板应力云图 (二)

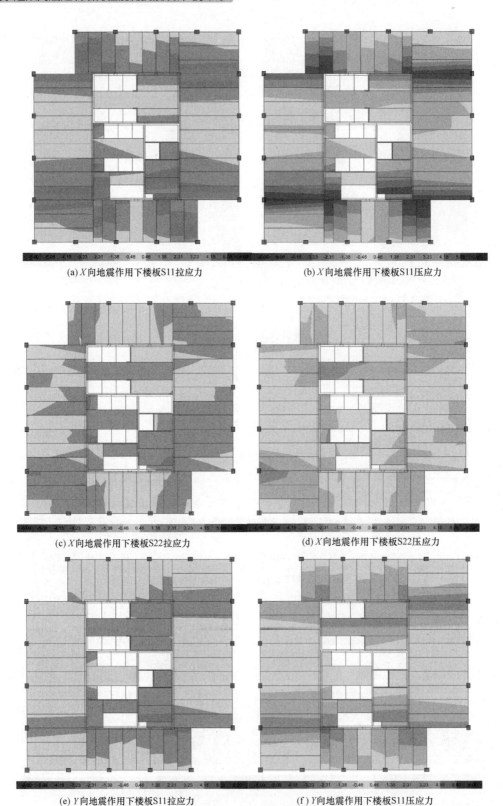

(a) X向地震作用下楼板S11拉应力

(b) X向地震作用下楼板S11压应力

(c) X向地震作用下楼板S22拉应力

(d) X向地震作用下楼板S22压应力

(e) Y向地震作用下楼板S11拉应力

(f) Y向地震作用下楼板S11压应力

图 6-36　伸臂桁架下弦杆所在楼层的楼板应力云图（一）

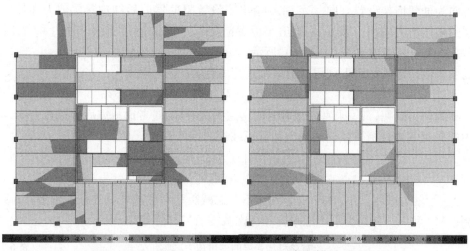

(g) Y向地震作用下楼板S22拉应力　　　　　　(h) Y向地震作用下楼板S22压应力

图 6-36　伸臂桁架下弦杆所在楼层的楼板应力云图（二）

0.7MPa，压应力最大值为 1.2MPa，压应力主要在 0.1～0.6MPa。在后期施工图设计中，可通过加强楼板配筋，以满足伸臂桁架楼层的楼板承载力要求。

6.3.4　减震性能分析

伸臂桁架增大了超限高层结构的刚度，造成伸臂桁架及相邻外框柱地震力增大，并引起伸臂桁架所在楼层的刚度突变。为降低伸臂桁架杆件内力，在伸臂桁架所在楼层布置黏滞阻尼器进行减震分析。

为加大阻尼器变形，伸臂桁架加强层阻尼器采用竖向布置形式，该布置形式不仅可以降低加强层刚度突变，相比人字撑或单斜杆布置阻尼器而言，还可以使阻尼器变形加大，从而更好地发挥耗能减震作用。考虑建筑功能要求，结合伸臂桁架楼层位置，共布置 2 组黏滞阻尼器，阻尼系数为 $3600kN/(m/s)^{0.3}$，最大阻尼力为 3000kN。伸臂桁架楼层的阻尼器布置如图 6-37 所示。

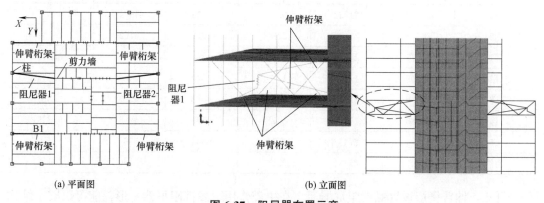

(a) 平面图　　　　　　　　　　　(b) 立面图

图 6-37　阻尼器布置示意

首先对减震超限高层结构进行中震性能分析，明确结构伸臂楼层设置阻尼器后对结构整体地震力及伸臂桁架杆件内力的影响。采用 7 条地震波进行双向时程分析，地震波作用的主方向为伸臂桁架设置方向。表 6-10 给出了设置阻尼器前后结构首层剪力和伸臂桁架加强层的楼层剪力减幅；表 6-11 给出了设置阻尼器后伸臂桁架上弦杆轴力和弯矩减幅，表中伸臂桁架杆件位置如图 6-37（a）所示。

其中，设防地震作用下楼层剪力减幅计算式为：

$$\Delta = (V_n - V_d)/V_n \tag{6-5}$$

式中，Δ 为剪力减幅；V_n 未考虑减震时的楼层剪力；V_d 是考虑减震后楼层剪力。

中震作用下伸臂桁架弦杆的轴力和弯矩减幅的计算式为：

$$\Delta_N = (N_n - N_d)/N_n \tag{6-6}$$

$$\Delta_M = (M_n - M_d)/M_n \tag{6-7}$$

式中，Δ_N 为轴力减幅，N_n 和 N_d 分别为不考虑减震和考虑减震后的杆件轴力；Δ_M 为弯矩减幅；M_n 和 M_d 分别为不考虑减震和考虑减震后的杆件弯矩。

首层和加强层的楼层剪力减幅 表 6-10

地震波	首层(kN)			加强层(kN)		
	无阻尼器	阻尼器	减幅	无阻尼器	阻尼器	减幅
R1	67032	64656	3.5%	25799	24591	4.7%
R2	85158	82670	2.9%	29881	29615	0.9%
T1	65419	62779	4.0%	26939	26139	3.0%
T2	83468	79127	5.2%	30435	28425	6.6%
T3	70306	69443	1.2%	23576	22965	2.6%
T4	42614	39739	6.7%	19696	18886	4.1%
T5	69277	67017	3.3%	28894	27164	6.0%
均值	69039	66490	3.8%	26460	25398	4.0%

伸臂桁架上弦杆 B1 的轴力和弯矩减幅 表 6-11

地震波	N_{B1}(kN)			M_{B1}(kN·m)		
	无阻尼器	阻尼器	减幅	无阻尼器	阻尼器	减幅
R1	23240	21722	6.5%	4834	4531	6.3%
R2	34608	33639	2.8%	6972	6762	3.0%
T1	26045	25082	3.7%	5398	5194	3.8%
T2	17409	17116	1.7%	3574	3469	2.9%
T3	32609	31523	3.3%	6483	6277	3.2%
T4	22580	21410	5.2%	4533	4296	5.2%
T5	28641	27457	4.1%	5844	5590	4.4%
均值	26447	25421	3.9%	5377	5160	4.1%

可知，伸臂楼层设置黏滞阻尼器后，在中震作用下发挥阻尼器变形耗能可以减小结构基底剪力约 3.8% 左右，减小伸臂桁架楼层剪力约 4.0% 左右；设置阻尼器减震后，伸臂桁架上弦杆轴力减幅为 3.9%，上弦杆弯矩减幅为 4.1%。说明设置黏滞阻尼器后可以降低结构楼层剪力，并减小伸臂桁架杆件的内力，从而改善不规则超限结构的抗震性能。同

样，分析得到人工波 1 作用下黏滞阻尼器的滞回曲线和耗能随时间变化情况，如图 6-38 和图 6-39 所示。

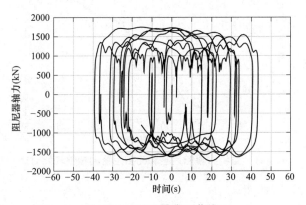

图 6-38　阻尼器滞回曲线

可知，在地震作用下阻尼器滞回曲线较为饱满，阻尼器整体耗散地震能量占结构总能量约 6%。

进一步对伸臂桁架减震结构进行大震弹塑性分析，明确设置伸臂减震层后对结构抗震性能的影响。地震波采用大震弹塑性时程分析的地震波。大震作用下伸臂桁架楼层剪力墙受压损伤对比如图 6-40 所示，图 6-41 给出了无减震结构和减震结构的塑性耗能对比。

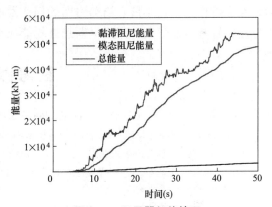

图 6-39　阻尼器耗能情况

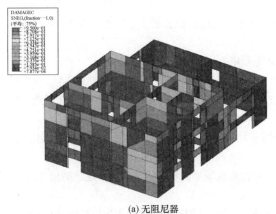

(a) 无阻尼器

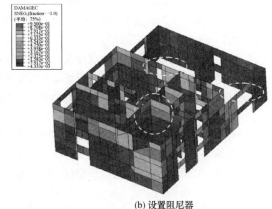

(b) 设置阻尼器

图 6-40　大震作用下伸臂桁架楼层剪力墙受压损伤对比

由图 6-40 可知，采用消能减震结构后，伸臂桁架所在上、下层的剪力墙及连梁损伤有所降低，主要是阻尼器耗能，降低了剪力墙塑性损伤耗能的开展，改善了结构的抗震性能。由图 6-41 可知，采用消能减震结构后，结构的塑性损伤耗能减小约 1.7%，此部分能

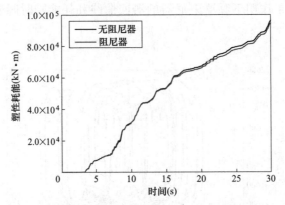

图 6-41　结构布置阻尼器和无阻尼器的塑性耗能对比

量主要由阻尼器单元进行耗能。

　　综合上述分析可知，通过在伸臂楼层设置阻尼器可以降低结构剪力及伸臂桁架杆件内力，在大震作用下减小核心筒剪力墙的损伤发展，提高结构在大震作用下的性能；但由于阻尼器布置数量的限制，其阻尼器总体耗能较小。

参 考 文 献

[1] HUANG X，LV Y，CHEN Y，et al. Performance-based seismic design of the outrigger of a high-rise overrun building with vertical setback in strong earthquake area [J]. The Structural Design of Tall and Special Buildings，2021，30（5）：e1834，DOI：10. 1002/ tal. 1834.

[2] 黄信，李毅，朱旭东，等. 强震下竖向不对称收进高层结构损伤分析 [J]. 工业建筑，2020，50（6）：79-84.

[3] 黄信，朱旭东，胡雪瀛，等. 不对称收进框架-核心筒-伸臂高层结构抗震性能分析与设计 [J]. 建筑结构学报，2020，41（S2）：349-356.

[4] 黄信，赵宇欣，黄兆纬，等. 罕遇地震下天津湾某塔楼抗震性能分析 [J]. 建筑科学，2017，33（9）：84-90.

[5] 住房和城乡建设部. 超限高层建筑工程抗震设防专项审查技术要点 [S]. 2015.

[6] 天津市城乡建设委员会. 天津市超限高层建筑工程设计要点 [M]. 天津：天津大学出版社，2012.

[7] 住房和城乡建设部. 高层建筑混凝土结构技术规程：JGJ 3—2010 [S]. 北京：中国建筑工业出版社，2010.

[8] 李忠献，吕杨，徐龙河，等. 强震作用下钢-混凝土结构弹塑性损伤分析 [J]. 天津大学学报（自然科学与工程技术版），2014，47（2）：101-107.

[9] 吴昊，叶献国，蒋庆，等. 巨型框架结构基于易损性曲线的地震损伤评估 [J]. 建筑结构，2018，48（1）：46-49.

[10] 何志军，丁洁民，陆天天. 上海中心大厦巨型框架-核心筒结构竖向地震作用反应分析 [J]. 建筑结构学报，2014，35（1）：27-33.

[11] 林瑶明，周越洲，方小舟，等. 贵阳国际金融中心 1 号楼超限高层结构设计 [J]. 建筑结构，2019，49（5）：58-64.

[12] OZUGYUIR A R. Performance-based seismic design of an irregular tall building in Istanbul. The Structural Design of Tall and Special Buildings，2015，24：703-723.

［13］ LU X Z，XIE L L，YU C，et al. Development and application of a simplified model for the design of a super-tall mega-braced frame-core tube building. Engineering Structures，2016，110：116-126.

［14］ 黄信，赵宇欣，黄兆纬，等. 罕遇地震下天津湾某塔楼抗震性能分析［J］. 建筑科学，2017，33（9）：84-90.

［15］ 卢啸，吕泉林，徐龙河，等. 基于伸臂桁架多尺度模型的超高层建筑地震灾变评估［J］. 天津大学学报（自然科学与工程技术版），2018，51（5）：539-546.

［16］ 方义庆，包联进，陈建兴，等. 伸臂桁架对框架-核心筒-伸臂桁架结构侧向受力性能的影响［J］. 建筑结构学报，2016，37（11）：130-137.

［17］ 聂建国，丁然，樊健生. 超高层建筑伸臂桁架-核心筒剪力墙节点受力性能数值与理论研究［J］. 工程力学，2014，31（1）：46-55.

［18］ LIN P C，TAKEUCHI T，MATSUI R. Seismic performance evaluation of single damped-outrigger system incorporating buckling-restrained braces. Earthquake Engineering and Structural Dynamics，2018，47：2343-2365.

第7章 超限高层减震结构性能化抗震设计

建筑结构抗震设计中常采用增大构件截面尺寸的措施，以提高结构的抗震能力。然而，对于高烈度抗震区的高层建筑结构抗震设计，采用增大构件尺寸的设计方法较难满足抗震设计要求，因为随着构件尺寸增大，会导致结构刚度增大，吸收的地震作用也相应加大。因此，为确保高烈度地区结构抗震安全，在高层建筑结构中采用减震技术，通过阻尼器耗散地震能量，是提升高烈度地区高层建筑抗震性能的重要手段。为确保地震作用下阻尼器相邻的框架梁、柱不先于阻尼器发生破坏，应对高层结构的减震子结构进行性能分析，从而使阻尼器有效发挥耗能减震作用。

本章针对某超限高层减震结构开展性能化抗震设计，结构采用防屈曲耗能支撑，建立结构及减震子结构抗震性能目标，提出了基于弹塑性修正的减震子结构性能分析方法，对结构开展不同地震水平下的抗震性能分析与设计，确保超限高层减震结构的抗震安全。

7.1 高层减震结构体系

2016 年 6 月 1 日，国家标准《中国地震动参数区划图》GB 18306—2015 正式实施，我国部分地区抗震设防烈度有所提高，如天津地区由 7 度半抗震设防提高至 8 度抗震设防。结构设计的安全度提高的同时，结构所受的地震作用也增大，所以有必要推广减震技术在高层建筑中的应用。我国学者针对结构减震技术开展了许多研究工作，在实际工程中得到了广泛应用。徐龙河等[1] 研究了具有复位功能的阻尼耗能支撑的滞回模型，并分析了其在钢框结构中的抗震性能。李忠献等[2] 基于建立的损伤准则，研究了阻尼器在混合结构中的控制效果。叶献国等[3] 开展了巨型框架结构的缩尺振动台试验，研究了巨型框架结构地震损伤机理及 TMD 减震效果。黄信等[4] 分析了连梁阻尼器在剪力墙结构中的减震效果及其优化布置。韩建强等[5] 分析了结构减震原理，并对软钢阻尼器的发展、优化和几何构造等方面做了介绍。汪大绥等[6] 结合世博中心工程对防屈曲支撑的布置、节点设计、验收标准进行了试验研究，并对减震结构进行了弹塑性分析。朱礼敏等[7] 研究了黏滞阻尼器在大跨度空间结构中的优化布置。韩建平等[8] 分析了框筒结构伸臂桁架设置减震构件的减震效果。兰香等[9] 提出了考虑支撑等连接件刚度的实用减震体系力学模型，并进一步分析了减震体系的最优阻尼比。可知，目前减震结构理论研究主要在阻尼器控制算法及减震效果方面开展了系列工作，对于超限结构的减震性能研究仍然较少[10-12]；另外，对于减震结构中消能子结构在中震、大震作用下的抗震性能分析重视不足。为确保阻尼器能够在中震、大震作用下有效地发挥耗能作用,与阻尼器相连的消能子结构的抗震性能目标应较普通构件有所提高,应通过非线性模拟技术分析消能子结构的抗震性能,并采取相应的加强措施。

本章基于抗震性能分析方法,针对高烈度区某超限框架结构开展减震分析,明确结构及构件在不同地震水准下的性能状态,分析阻尼器减震效果;同时对消能子结构进行抗震性能分析,并对阻尼器在不同地震水准下的耗能效果进行细化分析,验算阻尼器在大震作用下的位移,从而保证阻尼器在地震作用下能够有效发挥耗能作用[13-14]。

某框架结构地下 1 层,地上 10 层,结构高度为 43.85m。结构抗震烈度为 8 度(0.2g)。由于建筑功能要求,较难设置剪力墙抗侧构件,结构采用框架结构,主要柱网尺寸为 7.8m×7.8m,首层和二层的层高分别为 5.4m 和 5.1m,标准层层高为 4m;框架柱尺寸主要为 900mm×1100mm、900mm×900mm,框架梁尺寸主要为 350mm×850mm;框架柱混凝土强度等级由 C60 渐变至 C40,框架梁板混凝土强度等级为 C35。

对设计方案进行多遇地震初步分析可知,8 度抗震设防下采用纯框架结构时,结构层间位移角不满足规范位移角限值要求。为满足多遇地震层间位移角限值要求,在框架结构中设置防屈曲耗能支撑(BRB),多遇地震作用下利用 BRB 提供刚度,从而减小结构层间位移角;同时,中震、大震作用下 BRB 可为结构提供附加阻尼,提高结构在中震、大震作用下的抗震性能。8 度(0.2g)抗震设防时,框架结构 A 级最大适用高度为 40m,所以该建筑属于高度超限的高层建筑。BRB 性能参数如表 7-1 所列;结构的 BRB 布置如图 7-1 所示,其中斜杆为 BRB,总计布置了 283 个 BRB。BRB 材料采用 Q235 钢材。

BRB 性能参数 表 7-1

部位	屈服荷载(kN)	屈服后刚度比	芯材尺寸(mm)
1~2 层	3500	0.1	122×122
3~10 层	2500	0.1	100×100

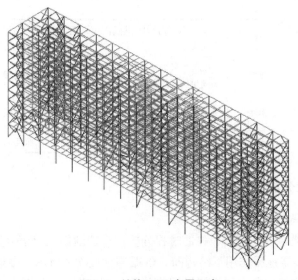

图 7-1 结构 BRB 布置示意

由于结构为超限结构，需要进行抗震性能分析。对结构分别进行多遇地震反应谱和弹性时程分析，同时进行设防地震等效弹性分析，最后对结构进行罕遇地震弹塑性分析，从而得到减震结构在不同地震水准下的结构减震效果、阻尼器耗能能力以及减震子结构构件的抗震性能。

弹性时程分析采用 5 条天然波和 2 条人工波，且满足 7 条地震波的平均地震影响系数曲线与振型分解反应谱法所采用的地震影响系数曲线在统计意义上相符。

罕遇地震作用下，结构弹塑性时程分析中混凝土采用损伤塑性本构模型，钢筋采用双线性随动强化模型。建立两个非线性分析步对结构进行罕遇地震时程分析：首先施加重力方向荷载，包括结构自重、全部恒荷载与 0.5 倍活荷载；在第二个非线性分析步中输入地震时程作用，第一个分析步中的重力方向荷载保持不变。采用双向地震输入，主、次方向的峰值加速度比为 1∶0.85。选择 2 条天然波和 1 条人工波对结构进行罕遇地震时程分析。

7.2 高层减震结构抗震性能分析

7.2.1 结构性能目标

根据《高层建筑混凝土结构技术规程》JGJ 3—2010 可知，上节所述框架结构属于超 A 级高度的超限高层结构。为提高结构抗震性能，采用减震技术，故需对结构进行抗震性能分析。由结构高度、平面和竖向不规则性分析可知，结构高度超过规范高度限值 40m、扭转不规则，并设置了防屈曲约束支撑，应对结构进行性能化抗震设计。

为确保中震、大震作用下 BRB 能有效发挥耗能作用，将消能子结构的框架梁、柱构件的性能目标提高至设防地震弹性、罕遇地震轻微损坏。结合结构的超限程度和抗震性能设计要求[10-12]，结构及构件性能目标如表 7-2 所列。

结构及构件性能目标   表 7-2

抗震烈度	多遇地震	设防地震	罕遇地震
消能子结构（与阻尼器相连的框架梁、柱）	弹性	受弯、受剪弹性，斜截面满足剪压比要求	轻微损坏，塑性应变小于 0.004，斜截面满足剪压比要求
框架柱	弹性	抗震承载力按极限值复核，斜截面满足剪压比要求	允许屈服，斜截面满足剪压比要求
框架梁	弹性	允许屈服，斜截面满足剪压比要求	允许屈服
阻尼器	弹性	屈服耗能	屈服耗能

7.2.2 结构性能分析

1. 多遇地震结构性能

对结构进行多遇地震反应谱和弹性时程分析。多遇地震反应谱分析下结构整体计算指标如表 7-3 所列，多遇地震作用下结构前 3 阶振型如图 7-2 所示，多遇地震弹性时程分析及反应谱分析下结构楼层剪力和楼层层间位移角分别如图 7-3 和图 7-4 所示。

多遇地震反应谱分析下结构整体计算指标 表 7-3

层间位移角		基底剪力（kN）		周期（s）		
X	Y	X	Y	T_1	T_2	T_t
1/633	1/653	44117	43184	1.21	1.20	0.97

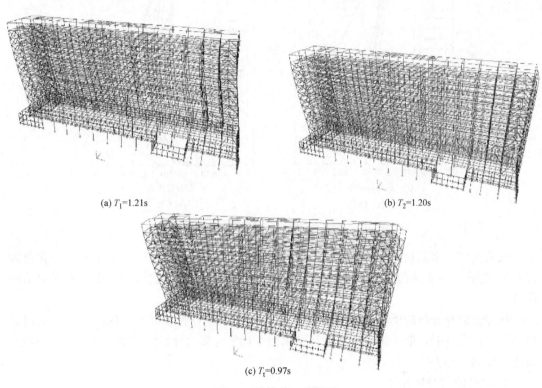

(a) T_1=1.21s　　(b) T_2=1.20s

(c) T_t=0.97s

图 7-2　结构前 3 阶振型

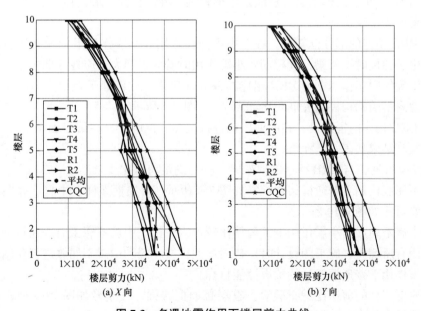

(a) X 向　　(b) Y 向

图 7-3　多遇地震作用下楼层剪力曲线

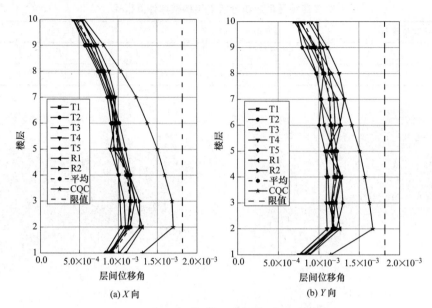

图 7-4　多遇地震作用下楼层层间位移角曲线

分析可知，多遇地震反应谱作用下结构 X 向层间位移角为 1/633，Y 向层间位移角为 1/653，均满足框架结构 1/550 的限值要求，说明多遇地震作用下设置 BRB 增加了结构刚度。

从弹性时程分析的楼层剪力结果可知，7 条波剪力平均值在结构高区略大于反应谱分析结果，在设计时，取 7 条时程法计算结果的平均值与振型分解反应谱法计算结果的较大值进行配筋设计。

2. 设防地震结构性能

为使与 BRB 相连的框架梁、柱满足中震弹性的性能目标要求，在与 BRB 相连的部分框架柱和框架梁中设置钢骨。

将与 BRB 相连的部分框架梁、柱在中震弹性作用和小震作用下的配筋进行对比，可以看出，中震弹性时框架梁、柱配筋较小震作用时有明显增大，应在后期施工图中进行包络设计，以确保中震作用下与 BRB 相连的部分框架梁、柱仍处于弹性受力状态。设防地震和多遇地震下结构构件的配筋对比如图 7-5～图 7-7 所示

对与 BRB 相连的框架梁、柱的剪压比进行验算。首层梁、柱编号如图 7-8 所示，梁、柱剪压比验算结果如表 7-4 所列。

由表 7-4 可见，与 BRB 相连的框架梁、柱均满足剪压比要求。

中震不屈服作用下普通框架柱配筋如图 7-9 所示，普通框架柱在中震不屈服和小震作用下的配筋对比如图 7-10 所示。

通过中震不屈服与小震作用下的配筋比较可以看出，中震不屈服时普通框架柱的配筋较小震作用有所增大。施工图设计时，普通框架柱按小震和中震不屈服进行包络设计，能够实现中震作用下普通框架柱的抗震性能目标。

对普通框架柱的剪压比进行验算。首层普通框架梁、柱编号如图 7-11 所示，梁、柱剪压比验算结果如表 7-5 所列。

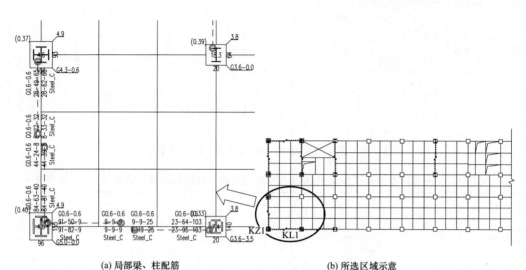

(a) 局部梁、柱配筋　　　　　　　　　　(b) 所选区域示意

图 7-5 中震弹性作用下与 BRB 相连的框架梁、柱配筋

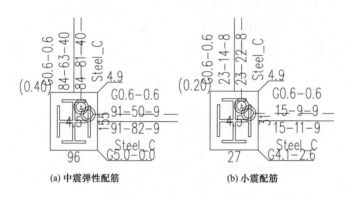

(a) 中震弹性配筋　　　　　　　　　(b) 小震配筋

图 7-6 中震弹性和小震作用下 KZ1 配筋对比

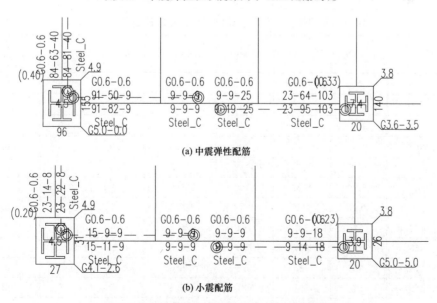

(a) 中震弹性配筋

(b) 小震配筋

图 7-7 中震弹性和小震作用下 KL1 配筋对比

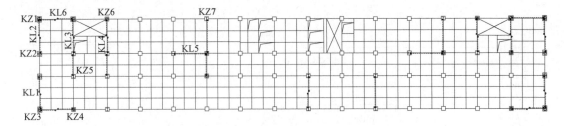

图 7-8　首层与 BRB 相连的框架梁、柱编号示意

中震弹性作用下首层与 BRB 相连的框架梁、柱斜截面剪压比验算　　　　表 7-4

编号	V_D(kN)	V_L(kN)	V_{EK}(kN)	V(kN)	f_{ck}/(N/mm^2)	b(m)	h_0(m)	剪压比 $V/(f_{ck} \times b \times h_0)$
KZ1	13	7.1	712	728.55	35.5	1	1.2	0.017
KZ2	10.3	10	1200	1215.3	35.5	1	1.15	0.030
KZ3	2.7	13.8	1533	1542.6	35.5	1	1.2	0.036
KZ4	8.6	3	1910	1920.1	35.5	0.9	0.9	0.067
KZ5	35	5	1111	1148.5	35.5	0.9	0.9	0.040
KZ6	6.8	4.9	1389	1398.25	35.5	0.9	0.9	0.049
KZ7	16	6	1148	1167	35.5	0.9	0.9	0.041
KL1	104	48	458	586	26.8	0.35	0.75	0.083
KL2	27	11.4	369	401.7	26.8	0.35	0.75	0.057
KL3	208	51	377	610.5	26.8	0.35	0.75	0.087
KL4	197	12	383	586	26.8	0.35	0.75	0.083
KL5	107	60	402	539	26.8	0.35	0.75	0.077
KL6	106	43	720	847.5	26.8	0.35	0.75	0.120

中震不屈服作用下首层普通框架梁、柱斜截面剪压比验算　　　　表 7-5

编号	V_D(kN)	V_L(kN)	V_{EK}(kN)	V(kN)	f_{ck}/(N/mm^2)	b(m)	h_0(m)	剪压比 $V/(f_{ck} \times b \times h_0)$
KZ1	3	3	1430	1435	35.5	0.9	0.9	0.050
KZ2	1.4	2.2	1365	1368	35.5	0.9	0.9	0.048
KZ3	0.6	1.3	972	973	35.5	0.9	0.9	0.034
KZ4	0.5	1.7	951	952	35.5	0.9	0.9	0.033
KZ5	1.4	0.4	1150	1152	35.5	0.9	0.9	0.040
KZ6	1.9	1.8	1139	1142	35.5	0.9	0.9	0.040
KZ7	5	0.6	1143	1148	35.5	0.9	0.9	0.040
KL1	70	19	681	761	26.8	0.4	0.85	0.083
KL2	68	22	607	686	26.8	0.35	0.85	0.086
KL3	74	52	513	613	26.8	0.35	0.75	0.087
KL4	88	64	561	681	26.8	0.5	0.8	0.064
KL5	73	35	609	700	26.8	0.5	0.85	0.061

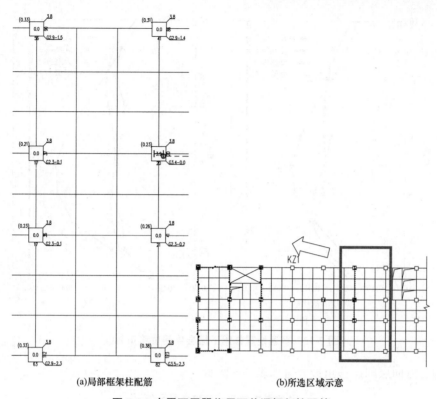

(a)局部框架柱配筋　　　　　　(b)所选区域示意

图 7-9　中震不屈服作用下普通框架柱配筋

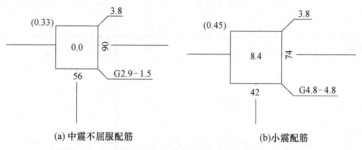

(a) 中震不屈服配筋　　　　　　(b)小震配筋

图 7-10　中震不屈服和小震作用下 **KZ1** 配筋对比

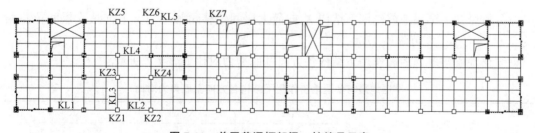

图 7-11　首层普通框架梁、柱编号示意

由表 7-5 可见，普通框架梁、柱满足剪压比要求。

3. 罕遇地震结构性能

采用弹塑性时程分析方法对结构进行罕遇地震分析，罕遇地震作用下楼层层间位移角如图 7-12 所示。

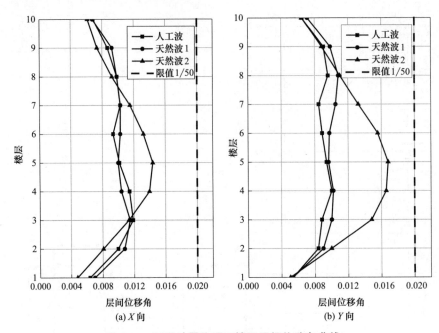

图 7-12　罕遇地震作用下楼层层间位移角曲线

结构各方向层间位移角最大值如表 7-6 所示。

结构各方向层间位移角最大值　　　　　　　　　　　　表 7-6

方向		X 为主方向		Y 为主方向	
		层间位移角	所在楼层	层间位移角	所在楼层
天然波 1	X 向	1/87	3	1/88	7
	Y 向	1/85	7	1/92	8
天然波 2	X 向	1/70	5	1/103	4
	Y 向	1/118	8	1/60	5
人工波	X 向	1/84	3	1/103	7
	Y 向	1/101	6	1/100	4

分析可知，罕遇地震作用下结构 X 向最大层间位移角为 1/70，Y 向最大层间位移角为 1/60，均小于规范限值 1/50。

罕遇地震与多遇地震作用下结构各方向基底剪力对比如表 7-7 所示。

罕遇地震与多遇地震作用下结构各方向基底剪力对比　　　　　表 7-7

方向	天然波 1		天然波 2		人工波	
	X 向	Y 向	X 向	Y 向	X 向	Y 向
罕遇地震作用下基底剪力(kN)	85606	101138	79721	89127	91806	100644
小震时程作用下基底剪力(kN)	30912	27035	35412	49058	36696	42005
多遇地震作用下基底剪力(kN)	44117	43184	44117	43184	44117	43184
罕遇地震与小震时程比值	2.77	3.74	2.25	1.82	2.50	2.40
罕遇地震与小震CQC比值	1.94	2.34	1.81	2.06	2.08	2.33

7.3　结构减震效果及子结构性能分析

7.3.1　子结构性能分析方法

为确保中震、大震作用下阻尼器能有效发挥耗能作用，应对减震子结构进行性能化抗震设计，以保证减震子结构不先于阻尼器发生损坏。本节采用相应的减震子结构抗震性能水准，利用等效弹性方法对减震子结构进行设防地震作用下受弯及受剪弹性承载力进行设计，对罕遇地震下减震子结构抗震性能及其阻尼器减震效果进行分析。阻尼器采用防屈曲约束支撑。

采用基于弹塑性修正的屈曲约束支撑的等效弹性分析方法[15-16]，屈曲约束支撑的刚度如图 7-13 所示，其中 K 为初始刚度，K_m 为等效刚度。分析步骤如下：

（1）对屈曲约束支撑进行小震反应谱分析，其中，依据性能化设计将与屈曲约束支撑相连的梁柱结构性能设置为中震不屈服或大震不屈服，从而获得与屈曲约束支撑相连的梁柱结构的初始配筋，并以该初始配筋作为梁柱结构中震弹塑性时程分析或大震弹塑性时程分析的构件初始配筋。

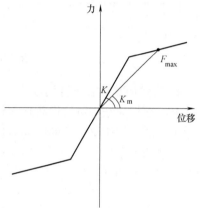

图 7-13　屈曲约束支撑等效刚度和初始刚度示意

（2）利用步骤（1）获得的梁柱结构的初始配筋，对梁柱结构进行中震弹塑性时程分析或大震弹塑性时程分析，获得屈曲约束支撑的最大内力 F_{max} 以及梁柱结构的水平地震作用标准值 F_i 和对应于水平地震作用标准值的位移 u_i，其中 i 为楼层数。

（3）利用步骤（2）获得的屈曲约束支撑的最大内力 F_{max}，计算出相对小震作用而言的中震或大震作用下屈曲约束支撑的刚度折减系数 k。

（4）利用步骤（2）获得的梁柱结构的水平地震作用标准值和对应于水平地震作用标准值的位移，计算中震或大震作用下屈曲约束支撑为梁柱结构提供的附加阻尼比 ξ，得到中震或大震作用下梁柱结构的整体附加阻尼比 ξ_m。

（5）利用步骤（3）获得的屈曲约束支撑的刚度折减系数 k 和步骤（4）获得的梁柱结构的整体附加阻尼比 ξ_m，对梁柱结构进行中震等效弹性分析或大震等效弹性分析，即可获得中震等效弹性或大震等效弹性分析下的梁柱结构的配筋结果。

7.3.2　减震子结构性能分析

1. 多遇地震减震子结构性能

在小震设计时仅考虑 BRB 的刚度，所以小震作用下 BRB 受力应小于其屈服承载力，首层和第 3 层 BRB 轴力分别如图 7-14 和图 7-15 所示。可以看出，首层 BRB 所受轴力小于屈服承载力 3500kN，第 3 层 BRB 所受轴力小于屈服承载力 2500kN，说明小震作用下 BRB 满足不屈服的设计要求。

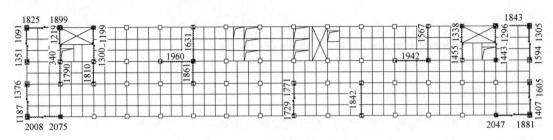

图 7-14 首层 BRB 轴力（kN）

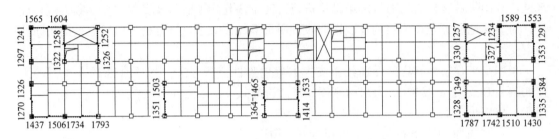

图 7-15 第 3 层 BRB 轴力（kN）

2. 设防地震减震子结构性能

对超限框架结构进行设防地震作用分析，表 7-8 给出了多遇地震和设防地震等效弹性作用下消能子结构梁、柱的配筋对比，所对比的框架梁、柱位置如图 7-16 所示。

为使消能子结构的梁、柱满足设防地震弹性要求，子结构底部的部分框架梁、柱需采用钢骨混凝土构件。

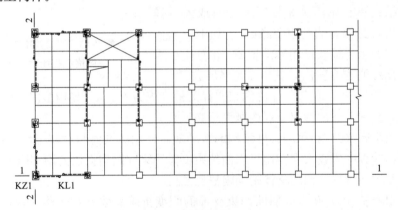

图 7-16 所对比框架梁、柱位置

多遇地震和设防地震作用下消能子结构梁、柱配筋对比（cm²）   表 7-8

工况	KZ1 单侧纵筋		KL1 纵筋	
	长向	短向	跨中	支座
多遇地震	31	27	18	18
设防地震弹性	155	96	103	103

可知，设防地震弹性作用下，框架梁、柱配筋较多遇地震作用时明显增大，应在施工图中进行包络设计，以确保设防地震作用下消能子结构的部分框架梁、柱仍处于弹性受力

状态。

3. 罕遇地震减震子结构性能

采用弹塑性分析方法分析罕遇地震作用下梁、柱构件的性能状态，主要分析框架结构梁、柱构件的受压损伤和钢筋的应变。混凝土受压损伤反映受压性能，而钢筋应变反映受拉性能。由于结构承担较大的地震力，混凝土抗拉性能较差，地震作用下混凝土发生开裂，此时拉力由钢筋承担，所以钢筋的塑性应变发展表明了框架结构梁、柱的损坏程度。钢筋塑性应变为屈服应变的 2 倍、4 倍和 6 倍时分别对应轻微损坏、轻度损坏和重度损坏三种程度。限于篇幅，仅给出人工波作用下结构构件及减震子结构构件的混凝土损伤及钢筋塑性应变如图 7-17 和图 7-18 所示，其中 1-1 截面和 2-2 截面位置如图 7-16 所示。

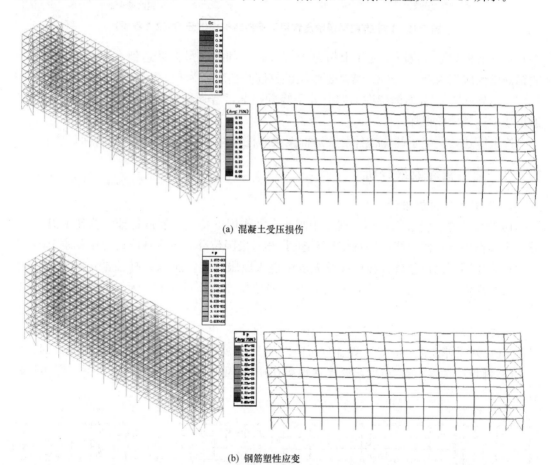

(a) 混凝土受压损伤

(b) 钢筋塑性应变

图 7-17 *X* 主方向罕遇地震作用下框架结构损伤云图（1-1 截面）

可知，罕遇地震作用下，消能子结构的框架柱混凝土受压损伤为 0～0.1，局部损伤较大处达到 0.4；消能子结构的框架梁混凝土受压损伤为 0～0.2，局部损伤较大处达到 0.43。消能子结构的框架柱钢筋塑性应变为 0～0.002；消能子结构的框架梁钢筋塑性应变为 0～0.0018，塑性应变较大位置在梁、柱端部。消能子结构的框架梁、柱处于轻微损坏。

罕遇地震作用下，普通框架柱的混凝土受压损伤为 0～0.2，局部损伤最大处达到

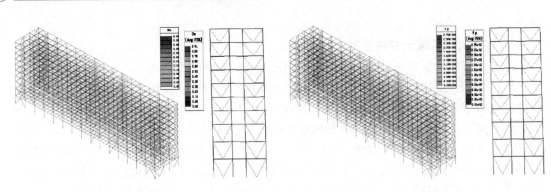

(a) 混凝土受压损伤   (b) 钢筋塑性应变

图 7-18 Y 主方向罕遇地震作用下框架结构损伤云图（2-2 截面）

0.42；普通框架梁的混凝土受压损伤为 0~0.3，局部损伤最大处达到 0.68。普通框架柱的钢筋塑性应变为 0~0.003；普通框架梁的钢筋塑性应变为 0~0.0035，部分框架梁的塑性应变达到 0.01。普通框架柱大部分处于轻微损坏，普通框架梁处于轻度损坏，部分普通框架梁达到中度损坏。

综上所述，消能子结构构件及普通框架梁、柱构件均满足预定的性能目标要求。

7.3.3 结构减震效果分析

1. BRB 构件性能设计

BRB 作为结构抗震第一道防线，中震及大震作用下将发生屈服耗能。为使 BRB 在中震及大震作用下发挥耗能作用且变形不超过 BRB 极限位移，抗震性能设计中要求 BRB 在多遇地震作用下保持弹性，在中震及大震中进入屈服耗能。所以，有必要分析 BRB 在不同地震水准作用下的受力性能，并对其在罕遇地震作用下的位移和耗能能力进行验算和分析。

多遇地震作用下首层 BRB 轴力如图 7-19 所示，可知 BRB 轴力小于其屈服承载力 3500kN，处于弹性工作状态。如在分析中出现 BRB 所受轴力大于其屈曲承载力，则宜增大 BRB 吨位或调整 BRB 布置，使多遇地震作用下 BRB 满足预定的性能目标，即多遇地震弹性。

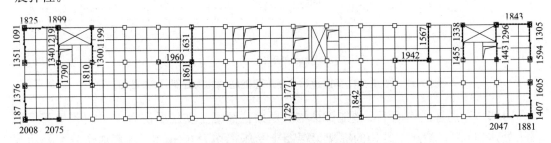

图 7-19 多遇地震作用下首层 BRB 轴力（kN）

进一步分析 BRB 在罕遇地震作用下的耗能能力，给出首层和第 2 层 BRB 滞回曲线，所选 BRB 位置如图 7-20 所示，罕遇地震作用下 BRB 滞回曲线如图 7-21 所示。

由图 7-21 可见，罕遇地震作用下 BRB 滞回曲线较为饱满，说明其耗能作用明显。

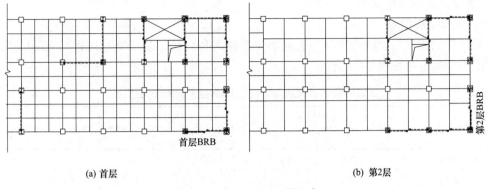

(a) 首层　　　　　　　　　　　　　　　　(b) 第2层

图 7-20　所选 BRB 位置示意

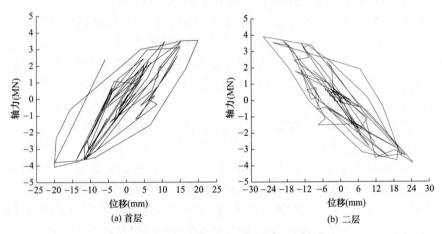

(a) 首层　　　　　　　　　　　　　　　　(b) 二层

图 7-21　罕遇地震作用下 BRB 滞回曲线

《建筑抗震设计规范》GB 50011—2010 第 12.3.5 条第 4 款要求，消能器的极限位移不小于罕遇地震作用下消能器最大位移的 1.2 倍。为保证 BRB 在罕遇地震作用下的最大位移小于 BRB 的极限位移，分析得到罕遇地震作用下 BRB 的最大位移和极限位移如表 7-9 所列。

罕遇地震作用下 BRB 最大位移和极限位移（mm）　　　　　表 7-9

BRB 型号	天然波 1		天然波 2		人工波		BRB 极限位移限值
	X 向	Y 向	X 向	Y 向	X 向	Y 向	
U-3500-7500	22	20	14	17	23	20	75
U-3500-5500	11	15	13	13	13	15	55
U-3500-4500	21	15	14	15	19	15	45
U-3500-4800	30	24	19	19	28	23	48
U-2500-4800	32	26	28	29	30	23	48
U-2500-3800	21	22	28	23	22	16	38
U-2500-6500	27	26	21	42	21	27	65

可知，罕遇地震作用下 BRB 的极限位移大于最大位移的 1.2 倍，说明罕遇地震作用

下 BRB 位移满足限值要求。

2. 结构减震效果

对减震结构进行设防地震和罕遇地震弹塑性时程分析，基于能量法得到 BRB 对结构提供的附加阻尼比如表 7-10 所列。

设防地震和罕遇地震作用下 BRB 提供的附加阻尼比　　　　表 7-10

地震波	天然波 1		天然波 2		人工波	
	X 向	Y 向	X 向	Y 向	X 向	Y 向
设防地震	1.2%	0.8%	1.3%	1.6%	1.5%	1.2%
罕遇地震	2.4%	2.6%	2.7%	2.8%	4.0%	4.2%

可知，设防地震和罕遇地震作用下 BRB 屈服耗能效果明显，设防地震作用下阻尼器为结构提供附加阻尼比在 0.8%～1.6% 之间，罕遇地震作用下阻尼器为结构提供附加阻尼比在 2.4%～4.2% 之间，有效地减小了主体结构的地震作用。

本章基于性能化抗震分析方法，确定了超限框架结构的抗震性能目标，通过对设置屈曲约束支撑的高烈度区某超限框架结构进行减震分析，明确消能子结构性能状态及结构减震效果。分析得出如下结论：

（1）高烈度区框架结构采用减震方案后，结构层间位移角满足规范限值要求，结构构件满足预定的性能目标。

（2）多遇地震作用下 BRB 处于弹性状态，为结构提供附加刚度；罕遇地震作用下 BRB 发生屈服耗能，从而使主体结构在罕遇地震作用下仍能保持良好的承载能力。

（3）罕遇地震作用下阻尼器滞回曲线饱满，阻尼器为主体结构提供附加阻尼，有效减小主体结构地震作用。罕遇地震作用下 BRB 最大位移满足阻尼器性能要求。

（4）为使 BRB 在设防地震和罕遇地震作用下有效发挥耗能作用，应对消能子结构中的部分框架梁、柱采取加强措施，如采用钢骨混凝土构件或配筋加强。

参 考 文 献

[1] 徐龙河，王坤鹏，谢行思，等. 具有复位功能的阻尼耗能支撑滞回模型与抗震性能研究 [J]. 工程力学，2018，35（7）：39-46.

[2] 李忠献，吕杨，徐龙河，等. 应用 MR 阻尼器的混合结构非线性地震损伤控制 [J]. 土木工程学报，2013，46（9）：38-45.

[3] 叶献国，蒋庆，卢文胜，等. 钢筋混凝土巨型框架结构及附加单向 TMD 装置的减震结构振动台试验研究 [J]. 建筑结构学报，2014，35（2）：1-7.

[4] 黄信，黄兆纬，朱旭东，等. 连梁阻尼器在剪力墙结构中的减震效果分析 [J]. 建筑科学，2017，33（5）：94-99.

[5] 韩建强，丁祖贤，张玉敏. 消能减震及软钢阻尼器的研究与应用综述 [J]. 建筑科学与工程学报，2018，35（5）：60-69.

[6] 汪大绥，陈建兴，包联进，等. 耗能减震支撑体系研究及其在世博中心工程中的应用 [J]. 建筑结构学报，2010，31（5）：117-123.

[7] 朱礼敏，钱基宏，张维嶽. 大跨度空间结构中黏滞阻尼器的位置优化研究 [J]. 土木工程学报，

2010，43（10）：22-29.

[8] 韩建平，孟岩. 带消能伸臂桁架超限框筒结构在长周期地震动作用下的反应分析法 [J]. 世界地震工程，2014，30（3）：15-22.

[9] 兰香，潘文，白羽，等. 基于支撑刚度的消能减震结构最优阻尼参数研究 [J]. 工程力学，2018，35（8）：208-217.

[10] 住房和城乡建设部. 建筑抗震设计规范：GB 50011—2010 [S]. 北京：中国建筑工业出版社，2016.

[11] 住房和城乡建设部. 超限高层建筑工程抗震设防专项审查技术要点 [S]. 2015.

[12] 天津市城乡建设委员会. 天津市超限高层建筑工程设计要点 [M]. 天津：天津大学出版社，2012.

[13] 黄信，朱旭东，赵宇欣，等. 高烈度区超限结构减震效果及子结构性能分析 [J]. 工程抗震与加固改造，2019，41（6）：105-112＋99.

[14] HUANG X. Seismic Mitigation efficiency study of the coupling beam damper in the shear wall structure [J]. Civil Engineering Journal，2021，30（1）：17-29.

[15] 黄信，齐麟，李岳. 基于弹塑性修正的屈曲约束支撑结构的等效弹性分析方法：201810757341.1 [P]. 2018-11-27.

[16] 黄信，黄兆纬，胡雪瀛，等. 一种十字形钢骨混凝土柱和钢骨混凝土梁的偏心节点：201720519819.8 [P]. 2017-12-05.

第8章 机场高耸塔台结构性能化抗震设计

机场塔台是确保飞机安全起降的控制中心。随着机场规模扩大，机场塔台高度不断增加，塔台结构抗震设计需有高标准要求。机场塔台作为重要基础设施，应保证塔台结构不发生破坏以及塔台精密电子仪器的正常运行，从而保障机场正常运行、发挥应急救援和输送物资的功能。我国地震灾害频发，研究机场高耸塔台强震损伤机理，并基于性能化抗震设计方法提升高耸塔台抗震性能具有重要意义。

本章以高耸塔台结构为研究对象，采用推覆分析方法和动力弹塑性时程分析方法，研究高耸塔台结构的抗震性能及强震损伤机理，明确高耸塔台结构抗震薄弱部位，分析不同侧向力模式对高耸塔台结构地震响应的影响，提出塔台推覆分析的侧向力模式选择方法[1-3]。

8.1 高耸塔台结构体系

我国航空运输已进入快速发展时期，2019 年，国内旅客千万级的机场达到 39 个。按照全面建设小康社会总体要求，为响应"一带一路"倡议，根据交通强国建设方针，我国将进一步加大机场建设，其中"十四五"期间新建、改扩建机场达 70 余个[4]。机场塔台素有"机场之眼"之称，其功能包括提供情报及发布空中交通管制许可，是防止飞机之间、飞机与地面车辆或障碍物之间发生相撞的保障，是机场飞行实施的控制中枢，是机场有条不紊运行的基础。随着机场跑道等级提升及数量增加，机场塔台高度也不断增加，目前国内机场塔台高度已经超过 100m，大型机场往往会设置两个及以上的塔台。机场塔台中下部区域功能一般为竖向交通、消防和机电设备安装，上部区域功能主要包括管制层、办公层、设备层等。典型机场塔台下部结构采用钢筋混凝土筒体，内部主要设置楼梯及电梯井，导致楼板大开洞；塔台顶部管制层无遮挡目视功能及避免目视眩光等要求，多采用钢框架并设置斜柱；由于管制层所需面积较下方筒体面积大，常采用梁上起柱的方式，管制层顶部因放置雷达等通信设备而具有较大的质量；塔台管制层相邻下方的设备层等中间过渡层多为框筒结构，即由混凝土筒体悬挑外框梁形成。典型机场高耸塔台布局及结构布置分别如图 8-1 和图 8-2 所示。

由于机场塔台使用功能的特殊要求，塔台结构存在刚度突变、竖向构件水平转换、楼板大开洞等不规则特征。机场高耸塔台结构体系布置与高层建筑及常规高耸结构存在明显差别。目前，机场塔台结构采用基于小震的抗震设计方法，缺少相应的性能化抗震设计方法和标准，难以确保中震和大震作用下塔台结构的安全。地震时，塔台如果发生破坏或通

(a) 机场塔台

(b) 塔台顶部管制层

图 8-1　典型机场塔台外观及管制层布局

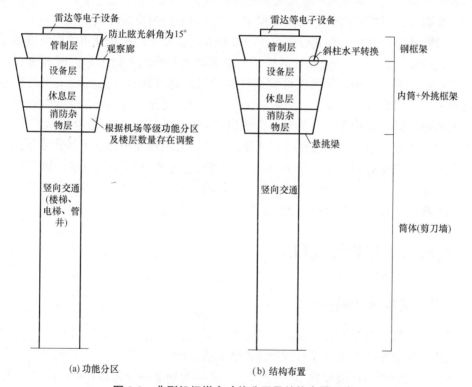

(a) 功能分区

(b) 结构布置

图 8-2　典型机场塔台功能分区及结构布置示意

信设备出现故障，将严重影响航空运输及抗震救灾工作，可能造成巨大经济损失和人员伤亡。所以，提升机场高耸塔台结构的抗震性能和安全是机场安全运行的重要保障。

学者围绕塔台结构抗震性能开展了许多有意义的研究工作，例如，采用反应谱法[5]、推覆分析方法[6] 和弹塑性分析方法[7-8] 研究了高耸塔台在多遇地震、罕遇地震作用下的抗震性能，分析表明，线性分析方法会低估塔台结构的基底剪力和倾覆力矩，塔台结构上部刚度突变会导致位移效应增大；针对高耸塔台进行抗震性能分析，提出了扩大地下室尺寸以改善结构整体抗倾覆能力、筒体底部增加型钢改善延性的技术措施[9]。同时，通过振动台模型试验研究了高耸塔台的抗震性能和破坏特征，分析了上部钢框架锚固连接效果[10]。可知，地震作用对塔台结构的安全影响不容忽视。

推覆分析方法适用于高层结构和高耸结构的罕遇地震性能分析，由于其概念清晰、求解速度快、对计算机性能要求较低，在工程结构抗震性能分析中具有广泛应用空间；推覆分析在研究结构抗震薄弱部位方面具有较强的实用性[11]。但通过推覆分析获得的结构抗震性能随推覆模式不同而存在明显差异。目前针对框架结构开展了推覆模式的影响分析，分别考虑不同侧向力推覆模式，分析了框架结构的抗震性能[12-13]。为提高推覆分析的合理性，相对传统基于力加载模式而言，提出了基于位移加载模式的推覆分析方法[14]。学者采用推覆分析方法研究了塔台结构的抗震性能，研究表明，相对均布侧向荷载模式而言，倒三角侧向荷载推覆下塔台结构刚度退化明显，CQC推覆模式所得到的塔台结构性能点位移是采用按质量比例分布荷载模式的2倍[15-16]。可知，合理的推覆模式是获得塔台结构地震响应的前提，但目前尚未针对塔台结构开展不同推覆模式适用性研究。由于塔台下部钢筋混凝土筒体和顶部钢框架之间存在刚度突变，所以有必要分析中震和大震作用下侧向力推覆模式对高耸塔台上部框架和中下部筒体地震响应的影响。

动力弹塑性分析方法可以获得结构在中震和大震作用下的损伤分布，广泛应用于高层建筑的强震性能分析[17-18]。通过对结构开展中震和大震作用下的弹塑性时程分析，可以掌握结构的损伤分布机理，从而明确复杂结构的抗震薄弱部位。为实现结构的弹塑性分析，在材料层次需要考虑混凝土材料的损伤发展和刚度退化；在构件层次应依据梁、柱及剪力墙构件的不同受力特征，分别采用杆系模型和分层壳模型进行数值模拟[19-21]。高层结构性能化抗震设计中，采用弹塑性实测分析方法研究结构在中震和大震作用下的损伤分布，以明确结构的抗震能力[22-23]。可知，弹塑性时程分析在高层建筑结构抗震分析中开展了较多的应用。为提升高耸塔台结构的抗震性能，有必要采用弹塑性分析方法对塔台在罕遇地震作用下的损伤机理及抗震薄弱部位进行系统研究。

8.2 高耸塔台推覆模式研究

8.2.1 塔台结构分析模型

高耸塔台下部为钢筋混凝土筒体，截面形式多为圆形或正多边形，顶部管制层为钢框架结构，设备层等中间过渡层通过混凝土筒体悬挑框架。

分析采用的塔台结构模型共18层，第1~17层为钢筋混凝土核心筒，层高4.5m；第18层为管制层钢框架，层高6m。筒体半径为4.5m，其中第13~17层悬挑外框梁，悬挑长度由2m逐渐增加至9m；第1~6层筒体墙厚为600mm，第7~17层筒体墙厚为550mm；第14、15层分别布置8根500mm×500mm的箱形斜柱，第16、17层分别布置12根500mm×500mm的箱形斜柱。顶层钢框架半径为11m，由4根800mm×800mm的箱形斜柱支撑。混凝土强度等级沿层高由C60渐变为C40，钢筋采用HRB400。各楼层信息如表8-1所列。悬挑梁采用工字钢梁，其截面尺寸如表8-2所列。塔台结构体系如图8-3所示，结构标准层平面图如图8-4所示。

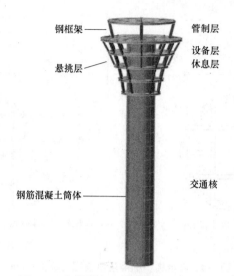

图 8-3　高耸塔台建筑功能及结构体系

楼层信息 表 8-1

楼层	筒体墙厚（mm）	混凝土强度等级	主梁尺寸（mm）	悬挑距离（m）
1～6	600	C60	300×600	—
7～12	550	C50	250×500	—
13	550	C50	250×500	2
14	550	C40	250×500	3
15	550	C40	250×500	4.5
16	550	C40	250×500	6.5
17	550	C40	250×500	9
18	—	C40	—	

悬挑梁截面尺寸（mm） 表 8-2

截面	总高度	翼缘宽度	翼缘厚度	腹板厚度
1	750	350	30	20
2	800	400	40	30
3	850	450	50	40

8.2.2　结构抗震性能分析

采用反应谱分析法和弹性时程分析方法，对高耸塔台结构进行多遇地震分析，设防烈度为 8 度（0.2g），场地类别为Ⅲ类，设计地震分组为第二组，地震波选用 2 条人工波和 5 条天然波，所选 7 条波的平均反应谱和规范谱的比较如图 8-5 所示。

可知，塔台结构前 3 阶自振周期分别为 1.593s、1.568s、0.490s，地震波平均反应谱和规范谱在第 1～3 周期点分别相差 18％、15％和 14％，满足弹性时程分析的选波要求。

反应谱分析和弹性时程分析得到高耸塔台结构最大层间位移角和基底剪力如表 8-3 所

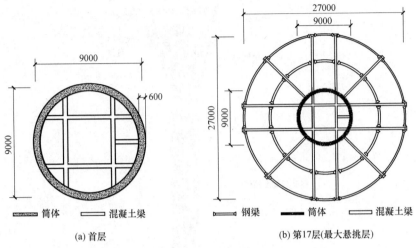

(a) 首层   (b) 第17层(最大悬挑层)

图 8-4 塔台结构标准层平面图（单位：mm）

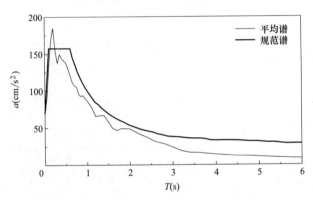

图 8-5 地震波平均反应谱和规范谱比较

列，高耸塔台结构的层间位移角和楼层剪力沿楼层分布如图 8-6 所示。因塔台结构大致呈中心对称，且对比表 8-3 中 X 向和 Y 向数据可知，塔体结构不同方向的地震响应无明显差异，故后续分析仅给出塔台结构 X 方向的地震响应结果。

塔台结构最大层间位移角和基底剪力   表 8-3

分析方法		最大层间位移角		基底剪力(kN)
		钢框架	核心筒	
反应谱	X 向	1/571	1/1095	2745.39
	Y 向	1/572	1/1087	2707.58
弹性时程	X 向	1/618	1/1304	2358.13
	Y 向	1/642	1/1344	2351.29

可知，多遇地震作用下高耸塔台结构筒体的层间位移角沿楼层增加而增大，最大值为 1/1087，满足 1/1000 的限值要求；顶部管制层钢框架的最大层间位移角为 1/571，满足 1/300 的限值要求。

多遇地震作用下高耸塔台结构的基底剪力为 2745.39kN，楼层剪力沿层高增加逐渐

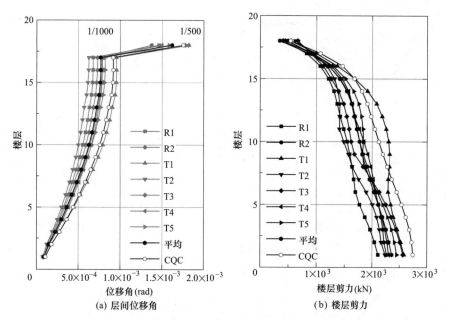

(a) 层间位移角   (b) 楼层剪力

图 8-6 多遇地震作用下结构层间位移角和楼层剪力

减小，且顶部 3 层的减小幅度较大。

同时可知，多遇地震弹性时程分析时，7 条地震波作用下高耸塔台结构的层间位移角和层间剪力的平均值均小于采用反应谱分析方法所得层间位移角和层间剪力。

进一步分析筒体层高对塔台结构抗震性能的影响，为塔台抗震设计提供建议。在机场正常运行过程中，塔台上部的管制层、设备层等发挥着重要作用，塔台中下部的核心筒仅为交通核，因此塔台筒体对层高没有特殊要求，塔台中下部筒体的层高可以适当调整。

分别采用两个塔台模型，A 组模型塔台总高度为 82.5m，筒体层高分别为 4.25m、4.5m、5.1m、5.45m 和 5.9m，B 组模型塔台总高度为 91.5m，筒体层高分别为 4.5m、4.75m、5.35m、5.7m 和 6.1m，如表 8-4 所列。分析这两个塔台在多遇地震作用下筒体剪力墙和管制层钢框架的最大层间位移角分布规律。

塔台模型塔台总高度和筒体层高 （m）   表 8-4

塔台编号	A1	A2	A3	A4	A5	B1	B2	B3	B4	B5
塔台总高度	82.5	82.5	82.5	82.5	82.5	91.5	91.5	91.5	91.5	91.5
筒体层高	4.25	4.5	5.1	5.45	5.9	4.5	4.75	5.35	5.7	6.1

图 8-7 （a）和 （b）所示为当塔台总高度为 82.5m 时（A 组模型），塔台管制层钢框架和筒体剪力墙的最大层间位移角与筒体层高的关系曲线；图 8-7 （c）和 （d）所示为当塔台总高度为 91.5m 时（B 组模型），塔台管制层钢框架和筒体剪力墙的最大层间位移角与筒体层高的关系曲线。

可知，不论塔台总高度为 82.5m 还是 91.5m，塔台管制层钢框架和筒体剪力墙的最大层间位移角均随筒体层高逐渐增加而减小，分析表明，当塔台总高度保持不变时，适当提高筒体处层高有利于减小塔台结构的地震响应，从而提高抗震性能。

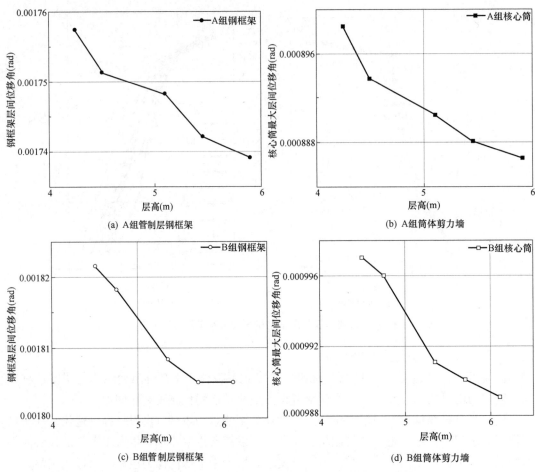

(a) A组管制层钢框架   (b) A组筒体剪力墙

(c) B组管制层钢框架   (d) B组筒体剪力墙

图 8-7 塔台结构最大层间位移角与筒体层高的关系曲线

8.2.3 塔台推覆模式分析

为确保塔台结构的抗震安全，应分析罕遇地震作用下塔台结构的抗震性能，采用推覆分析方法研究塔台结构的抗震性能，并分析不同侧向力推覆模式的适用性。

1. 结构抗震性能及塑性铰

为分析塔台结构在 8 度（0.2g）罕遇地震作用下的抗震性能，对塔台结构进行静力弹塑性分析，推覆荷载抗侧力分布模式采用倒三角模式。通过推覆分析得到塔台结构的基底剪力和层间位移角如表 8-5 所列，塔台结构在罕遇地震作用下的层间位移角和楼层剪力沿楼层分布如图 8-8 所示。

塔台基底剪力和层间位移角　　　　　　　　　　　　　　　　表 8-5

基底剪力（kN）		罕遇地震作用下层间位移角		V_1/V_2
罕遇地震 V_1	多遇地震 V_2	钢框架	筒体	
6095.8	2342.9	1/118	1/127	2.60

由表 8-5 和图 8-8 可知，高耸塔台结构在罕遇地震作用下和多遇地震作用下的基底剪

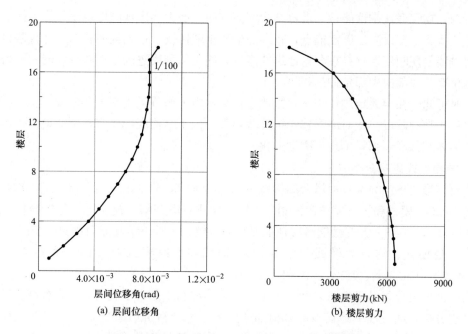

(a) 层间位移角

(b) 楼层剪力

图 8-8　罕遇地震作用下结构层间位移角和楼层剪力

力之比为 2.6，小于 8 度（0.2g）罕遇地震峰值加速度与多遇地震峰值加速度之比 5.7，说明塔台结构已进入塑性状态。同时可知，罕遇地震作用下钢框架的层间位移角均满足 1/50 的限值要求。

倒三角模式下塔台结构抗震性能点处塑性铰分布如图 8-9 所示。

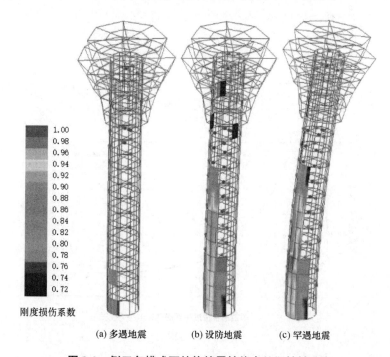

刚度损伤系数

(a) 多遇地震　　(b) 设防地震　　(c) 罕遇地震

图 8-9　倒三角模式下结构抗震性能点处塑性铰分布

可知，在多遇地震性能点，塔台结构底部有两片剪力墙出现刚度退化，但整体结构仍处于弹性状态；在设防地震性能点，较多的梁产生塑性铰，进入耗能状态，并且塔台底部更多剪力墙出现刚度退化；在罕遇地震性能点，绝大部分梁进入塑性状态，同时剪力墙的刚度退化有从底部向中部延伸的趋势。

同时可知，在罕遇地震作用下，虽然塔台结构中大部分梁出现了塑性铰，但上部斜柱支撑仍处于弹性阶段。相对高层建筑抗震薄弱部位位于结构底部而言，罕遇地震作用下塔台结构筒体底部和中部均出现了刚度退化。

2. 推覆模式影响分析

为研究推覆侧向力模式对塔台结构地震响应的影响，分别采用倒三角模式、均布力模式、弹性 CQC 模式和实时模式四种侧向力推覆模式对塔台结构模型进行推覆分析，地震作用为 8 度 (0.2g)。大震性能点四种推覆侧向力模式的需求谱及能力谱曲线如图 8-10 所示，倒三角模式、均布力模式、弹性 CQC 模式和实时模式对应的基底剪力分别为 6095.8kN、8086.2kN、7324.4kN 和 7149.1kN。

为验证推覆分析结果的可靠性，选用 2 条天然波和 1 条人工波对高耸塔台结构进行弹塑性时程分析，通过改变地震波的峰值加速度大小来获得 IDA 曲线。从 3 条波的计算结果中选取最不利的情况，即刚度最小的曲线作为弹塑性时程分析结果，与推覆分析结果进行比较。所选 3 条波的频谱曲线如图 8-11 所示，不同推覆侧向力模式以及弹塑性

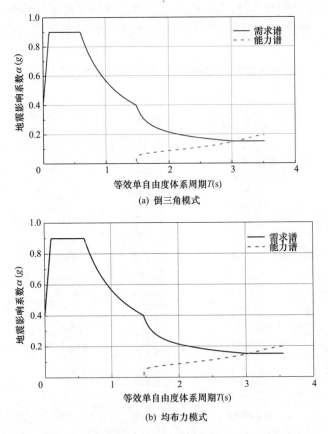

(a) 倒三角模式

(b) 均布力模式

图 8-10 不同推覆侧向力模式的需求谱及能力谱曲线 (一)

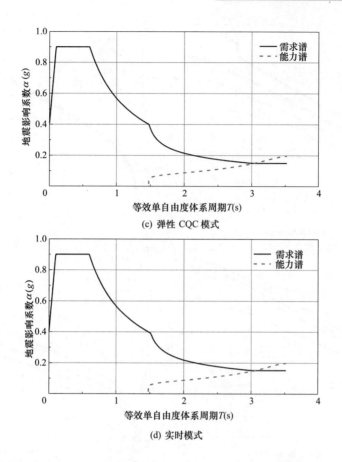

(c) 弹性 CQC 模式

(d) 实时模式

图 8-10 不同推覆侧向力模式的需求谱及能力谱曲线 (二)

时程分析下,塔台在首层、第 9 层、第 17 层和第 18 层的楼层剪力-层间位移曲线如图 8-12 所示。

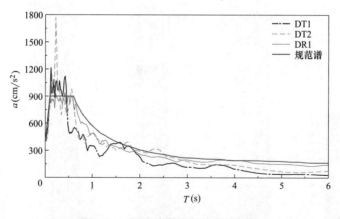

图 8-11 罕遇地震作用地震波频谱

图 8-13~图 8-15 给出了均布力模式、弹性 CQC 模式和实时模式下塔台结构的塑性发展情况,倒三角模式下结构塑性发展见图 8-9。

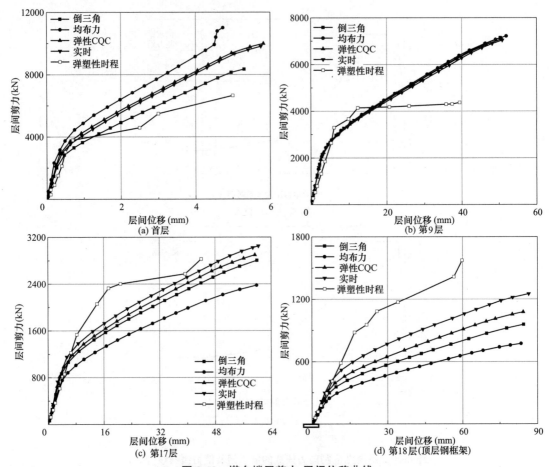

图 8-12 塔台楼层剪力-层间位移曲线

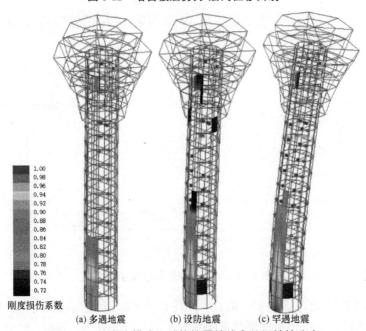

图 8-13 均布力模式下结构抗震性能点处塑性铰分布

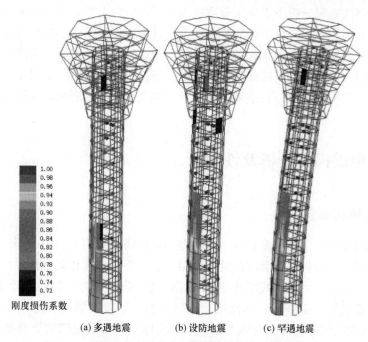

刚度损伤系数

(a) 多遇地震　　　(b) 设防地震　　　(c) 罕遇地震

图 8-14　弹性 CQC 模式下结构抗震性能点处塑性铰分布

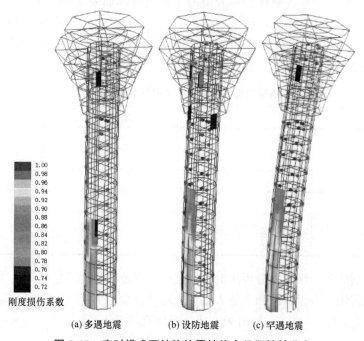

刚度损伤系数

(a) 多遇地震　　　(b) 设防地震　　　(c) 罕遇地震

图 8-15　实时模式下结构抗震性能点处塑性铰分布

可知，在塔台底部，采用弹性 CQC 模式和实时模式进行推覆得到塔台结构的楼层剪力-层间位移曲线比较接近，而采用倒三角模式获得的结构刚度最小且与弹塑性时程分析结果较为接近；在塔台中部，不同推覆模式得到的楼层剪力-层间位移曲线均较为吻合，这表明采用不同推覆模式分析得到的塔台中部地震响应无明显差异，且相对于推覆分析，塔台结构在弹塑性时程分析中更早出现刚度退化；在塔台上部，采用推覆分析所得塔台结构的刚度小于弹塑性时程分析所得的结构刚度，且采用实时模式进行推覆分析所得结果与弹塑性分析结果最接近。由于高耸塔台是机场安全运行的指挥中心，为提升高耸塔台结构在强震下的抗震性能，通过对比弹塑性时程分析与推覆分析结果，建议在塔台底部区域地震响应采用倒三角模式推覆分析结果，在塔台中部及顶部的地震响应采用实时模式推覆分析结果。

8.3 塔台强震损伤分析及性能设计

8.3.1 塔台结构布置

机场高耸塔台在外立面造型存在一定的差异，但塔台结构均由中下部区域的筒体和上部框架结构组成。为分析高烈度区高耸塔台结构抗震性能，选择具有代表性的典型塔台结构进行分析。某高耸塔台结构高度为 84.1m，抗震设防烈度为 8 度，共计 16 层，塔台功能由上至下为管制层、设备层、休息层、消防杂物层，以及竖向交通（楼梯、电梯和管井）。结构体系采用钢筋混凝土筒体＋钢框架结构体系。根据建筑功能及塔台管制层眩光设计要求，上部功能楼层外框柱采用斜柱。为满足管制层建筑面积要求，管制层斜柱支撑于下方外框梁。塔台层高、筒体墙厚及混凝土强度等级如表 8-6 所列。上部悬挑框架梁、柱尺寸分别为 350mm×700mm 和 300mm×700mm，顶部管制层钢梁和钢柱尺寸分别为 350mm×750mm×30mm×20mm 和 550mm×550mm×20mm。钢筋采用 HRB400，钢材采用 Q355B，上部悬挑框架混凝土强度等级为 C40。

塔台层高、筒体墙厚及混凝土强度等级　　　　　　　　　　　　　表 8-6

楼层	层高(m)	墙厚(mm)	强度等级
1~7	6.00	800	C60
8~11	5.50	700	C50
12	4.20	600	C50
13~14	4.20	500	C40
15	3.50	500	C40
16	4.50	500	C40

采用反应谱法和弹性时程分析法对塔台进行多遇地震作用下结构动力响应分析，其中弹性时程分析采用 5 条天然波和 2 条人工波，地震波信息如表 8-7 所列，地震波满足《建筑抗震设计规范》GB 50011—2010 第 5.1.2 条的选波要求。

地震波信息　　　　　　　　　　　　　表 8-7

编号	名称	类型	持时(s)
T1	Chi-Chi, Taiwan-04_NO_2727	天然波	60
T2	Coyote Lake_NO_149	天然波	26
T3	Big Bear-01_NO_936	天然波	58

续表

编号	名称	类型	持时(s)
T4	N. Palm Springs_NO_522	天然波	30
T5	Whittier Narrows-01_NO_607	天然波	32
R1	RG1	人工波	30
R2	RG2	人工波	30

结构第 1~3 阶周期分别为 1.19s、1.17s 和 0.23s，结构第 1 阶和第 2 阶主振型均为平动振型，第 5 阶主振型为扭转振型。

多遇地震作用下塔台结构层间位移角和基底剪力如表 8-8 和图 8-16 所示。

多遇地震作用下结构层间位移角和基底剪力 表 8-8

方向	层间位移角				基底剪力 (kN)
	反应谱		弹性时程		
	简体	顶框	简体	顶框	
X	1/1022	1/668	1/1250	1/795	4581
Y	1/1023	1/608	1/1246	1/715	4481

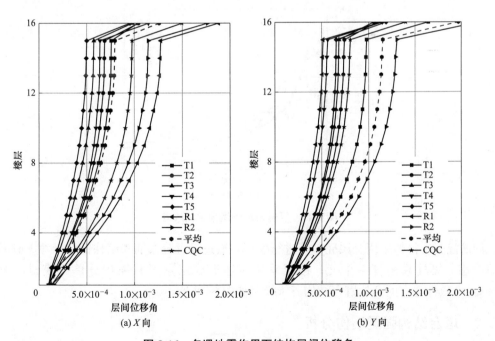

图 8-16 多遇地震作用下结构层间位移角

可知，多遇地震作用下高耸塔台结构顶部钢框架 X 向和 Y 向的最大层间位移角分别为 1/668 和 1/608，小于框架位移角 1/550 的限值要求；筒体结构 X 向和 Y 向的最大层间位移角分别为 1/1022 和 1/1023，小于剪力墙位移角 1/1000 的限值要求；多遇地震作用下结构 X 向和 Y 向基底剪力分别 4581kN 和 4481kN。多遇地震作用下塔台结构层间位移角满足《建筑抗震设计规范》GB 50011—2010 第 5.5.1 条的要求。

罕遇地震作用采用双向地震波输入，主、次方向峰值加速度比为 1∶0.85，主方向地震波加速度幅值调整为 400gal。工程场地为三类场地，特征周期为 $T_g = 0.60$。为研究高耸塔台结构的强震损伤，选择的 3 条地震波频谱曲线如图 8-17 所示。所选 3 条地震波的平均地震影响系数曲线在第 1～3 周期点与振型分解反应谱法所用的地震影响系数曲线相差分别为 10%、10% 和 2%，3 条地震波频谱特性符合《建筑抗震设计规范》GB 50011—2010 第 5.1.2 条的规定。

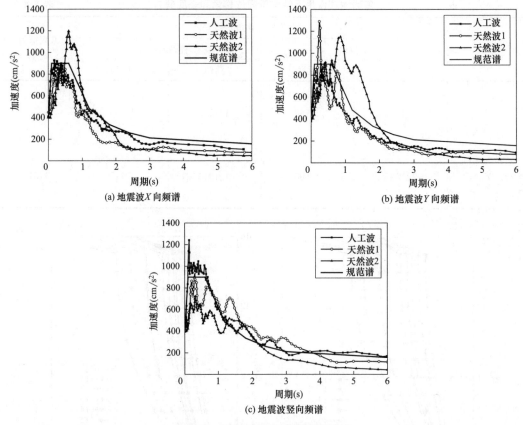

图 8-17　罕遇地震作用地震波频谱

钢筋混凝土筒体采用分层壳单元进行模拟，通过设置分布筋和暗柱钢筋以考虑剪力墙钢筋作用，梁柱采用杆系单元，楼板采用四边形或三角形减缩积分单元模拟。采用 ABAQUS 软件建立的高耸塔台结构三维模型如图 8-18 所示。

8.3.2　塔台结构强震损伤分析

1. 结构自振特性

采用 ABAQUS 软件和 YJK 软件分析得到的结构自振频率如表 8-9 所列。

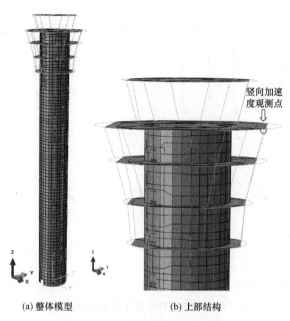

(a) 整体模型　　　　　　　(b) 上部结构

图 8-18　高耸塔台结构三维模型

结构自振周期（s）　　　　　　　　　　　　　　　　　　表 8-9

软件	1 阶	2 阶	3 阶	4 阶	5 阶	6 阶
ABAQUS	1.16	1.14	0.22	0.22	0.18	0.16
YJK	1.19	1.17	0.23	0.22	0.19	0.17

可知，采用 ABAQUS 软件建立的弹塑性分析模型计算的自振周期和采用 YJK 软件建立的弹性分析模型所得结构自重周期较为一致，说明采用 ABAQUS 软件建立的弹塑性分析模型合理。

2. 结构整体受力指标

罕遇地震作用下塔台结构层间位移角和基底剪力如表 8-10 和图 8-19 所示。

罕遇地震作用下结构层间位移角和基底剪力　　　　　　表 8-10

地震波	方向	层间位移角		基底剪力(kN)		
		反应谱		罕遇地震	频遇地震	比值
		筒体	顶框			
T1	X	1/179	1/115	15692	4581	3.42
	Y	1/198	1/92	16966	4481	3.79
T2	X	1/110	1/99	16121	4581	3.52
	Y	1/138	1/114	16446	4481	3.67
R	X	1/137	1/98	17778	4581	3.88
	Y	1/182	1/102	17286	4481	3.86

可知，地震沿 X 主向输入时，塔台筒体最大层间位移角为 1/110，框架最大层间位

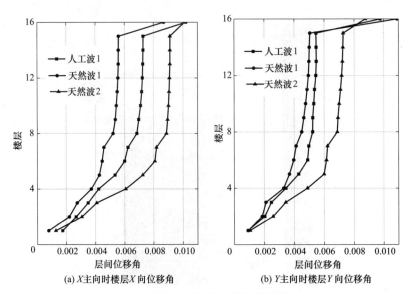

(a) X主向时楼层X向位移角

(b) Y主向时楼层Y向位移角

图 8-19　罕遇地震作用下结构层间位移角

移角为 1/98；地震沿 Y 主向输入时，筒体最大层间位移角为 1/138，框架最大层间位移角为 1/92。塔台结构在罕遇地震作用下的弹塑性层间位移角均小于规范 1/100（筒体）和 1/50（框架）的限值要求。

由表 8-10 可知，罕遇地震与频遇地震作用下结构基底剪力比值在 3.5 左右，说明罕遇地震作用下高耸塔台结构进入塑性受力状态。

3. 高耸塔台结构构件损伤分析

为明确罕遇地震作用下筒体剪力墙的性能状态，对筒体剪力墙的混凝土受压损伤和钢筋塑性应变进行分析，其中混凝土受压损伤反映筒体剪力墙的受压性能，钢筋塑性应变反映剪力墙的受拉性能。地震波沿 X 主向作用时，筒体混凝土受压损伤和钢筋塑性应变分布如图 8-20、图 8-21 所示。

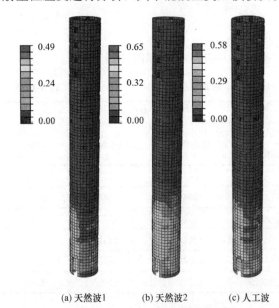

(a) 天然波1　(b) 天然波2　(c) 人工波

图 8-20　地震波 X 主向作用下筒体混凝土受压损伤

可知，在罕遇地震作用下，塔台筒体大部分区域的混凝土受压损伤小于 0.1，仅塔台筒体的下部区域受压损伤明显；筒体受压损伤因子最大值为 0.65，塔台筒体该部分区域处于严重损坏状态。

相对塔台筒体混凝土受压损伤明显区域位于塔台底部而言，塑性应变最大区域则位于筒体高度的中部，筒体塑性应变最大值为 0.0149。根据塑性应变分布可知，筒体中部区域出现较严重损坏状态，说明强震作用下塔台筒体中部区域的受力效应明显。

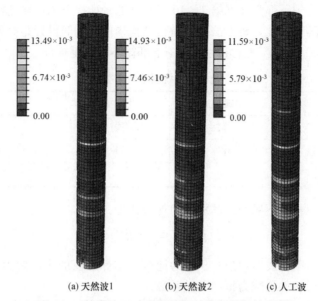

图 8-21 地震波 X 主向作用下筒体钢筋塑性应变

相对高层结构损伤严重区域位于结构底部而言,高耸塔台结构的底部及中部区域存在较严重损坏区域,尤其塔台中部区域出现明显的受拉损坏。所以,对于高烈度区高耸塔台结构抗震设计,应重视筒体底部及中部抗震薄弱区,有必要对罕遇地震作用下塔台筒体损伤进行控制。

进一步分析罕遇地震作用下框架梁、柱的性能状态。地震波沿 X 主向作用时塔台顶部区域梁、柱构件的塑性应变如图 8-22 所示。

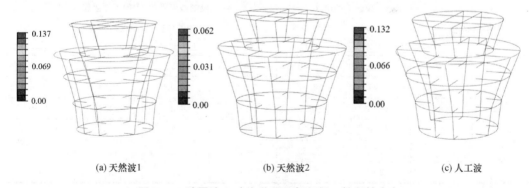

图 8-22 地震波 X 主向作用下框架梁、柱塑性应变

可知,罕遇地震作用下框架梁塑性应变最大值为 0.137,处于中度损坏状态;框架柱塑性应变小于 0.002,处于弹性状态。由分析可知,罕遇地震作用下高耸塔台结构的筒体损伤较框架梁、柱构件大,说明罕遇地震作用下筒体是塔台结构的抗震薄弱部位。

8.3.3 塔台结构性能化抗震设计

罕遇地震作用下高耸塔台结构在底部及中部的局部区域出现较严重损坏,为提升高耸塔台结构在强震下的抗震性能,基于性能化抗震设计方法对高耸塔台结构抗震薄弱部位进行抗震性能设计，将中下部筒体（第1～10层）性能水准提升为设防地震作用下受弯、受剪不屈服，并利用等效弹性分析方法确定塔台结构构件的配筋设计。高耸塔台结构构件抗震性能水准如表8-11所列，确定塔台结构中下部筒体为关键构件。

结构构件抗震性能水准 表 8-11

构件	多遇地震	设防地震	罕遇地震
筒体(中下部)	弹性	受弯、受剪不屈服	中度损坏
筒体(上部)、框架柱	弹性	—	中度损坏
框架梁	弹性	—	允许屈服

设防地震作用下构件不屈服抗震承载力计算式为：[13]。

$$S_{GE}+S_{Ek}\leqslant R_k \tag{8-1}$$

式中，S_{GE} 为重力荷载代表值效应；S_{Ek} 为地震作用标准值的构件内力；R_k 为构件承载能力设计值，不考虑构件承载力抗震调整系数。

对分别采用多遇地震设计和性能化抗震设计确定的塔台结构筒体配筋量进行对比分析，可知采用性能水准进行性能设计后的塔台筒体钢筋用量增加约 $27kg/m^2$，折合钢筋造价增加约 17.6 万元。对塔台结构采用性能设计后，结构配筋增加费用占工程造价比重较小。

对采用性能化抗震设计后的塔台结构进行罕遇地震弹塑性分析，高耸塔台结构筒体混凝土受压损伤和塑性应变如图8-23、图8-24和表8-12所示。

性能化抗震设计筒体混凝土受压损伤和钢筋塑性应变对比 表 8-12

地震方向		频遇地震设计		设防地震受弯、受剪不屈服设计			
		受压损伤	塑性应变 ($\times 10^{-3}$)	受压损伤	塑性应变 ($\times 10^{-3}$)	损伤减幅 (%)	应变减幅 (%)
T1	X	0.49	13.49	0.33	8.92	32.6	33.8
	Y	0.47	12.77	0.33	10.64	29.8	16.8
T2	X	0.65	14.93	0.49	8.22	24.6	44.9
	Y	0.60	12.54	0.53	8.10	11.7	35.4
R	X	0.58	11.59	0.51	9.22	12.0	20.4
	Y	0.59	11.22	0.50	8.87	15.3	20.9

分析可知，筒体采用设防地震不屈服性能化抗震设计后，混凝土受压损伤和钢筋塑性应变降低，如天然波1沿 X 主向作用，考虑性能设计时筒体混凝土受压损伤和钢筋塑性应变分别由 0.49 和 13.49×10^{-3} 减小至 0.33 和 8.92×10^{-3}，降幅分别为 32.6% 和 33.8%，此时塔台损伤明显区域由严重损坏降至中度损坏。

综上所述，采用多遇地震设计时，罕遇地震作用下塔台筒体部分区域处于严重损坏；当对塔台筒体构件采用设防地震不屈服性能水准进行设计时，罕遇地震作用下塔台筒体损伤由严重损坏降低为中度损坏，有效提升了塔台结构的抗震性能，同时，采用性能设计而增加的材料成本可控。

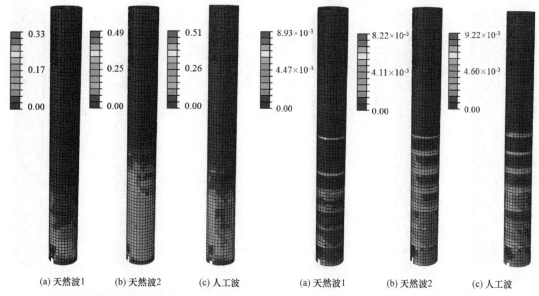

图 8-23 考虑性能设计后筒体混凝土
受压损伤（X 主向）

图 8-24 考虑性能设计后筒体钢筋
塑性应变（X 主向）

8.3.4 竖向地震影响分析

考虑塔台局部出现明显受拉损伤，同时结构顶部存在悬挑构件，为明确竖向地震对塔台结构强震损伤的影响，考虑竖向地震作用对塔台结构进行强震损伤分析。地震波水平主、次方向及竖向的峰值加速度比为 1∶0.85∶0.65。

考虑竖向地震作用效应后，高耸塔台结构筒体混凝土受压损伤和钢筋塑性应变分别如图 8-25 和图 8-26 所示，竖向地震作用对塔台强震损伤的影响如表 8-13 所列。

竖向地震作用对筒体混凝土受压损伤和钢筋塑性应变的影响　　表 8-13

地震作用方向		水平地震		水平+竖向地震	
		受压损伤	塑性应变（$\times 10^{-3}$）	受压损伤	塑性应变（$\times 10^{-3}$）
T1	X 向	0.49	13.49	0.49	13.77
	Y 向	0.47	12.77	0.50	15.84
T2	X 向	0.65	14.93	0.67	14.11
	Y 向	0.60	12.54	0.61	13.33
R	X 向	0.58	11.59	0.63	15.14
	Y 向	0.59	11.22	0.59	15.14

可知，考虑竖向地震作用后，塔台筒体剪力墙受压损伤增大，如天然波 1 沿 Y 主向作用时，考虑竖向地震作用后筒体混凝土受压损伤由 0.47 增加至 0.50；筒体的钢筋塑性应变增加更为明显，如天然波 1 沿 Y 主向作用时，考虑竖向地震作用后筒体钢筋塑性应变由 12.77×10^{-3} 增加至 15.84×10^{-3}，增幅为 24%。考虑竖向地震作用增大了塔台筒体的受拉效应，高耸塔台筒体抗震分析中竖向地震作用效应不能忽视。相对竖向地震而

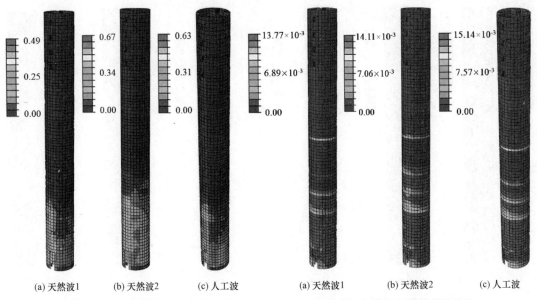

<table>
<tr><td colspan="3">(a) 天然波1   (b) 天然波2   (c) 人工波</td></tr>
</table>

(a) 天然波1	(b) 天然波2	(c) 人工波

图 8-25 　考虑竖向地震作用筒体　　　　　图 8-26 　考虑竖向地震作用筒体

混凝土受压损伤（X 主向）　　　　　　　钢筋塑性应变（X 主向）

言，塔台结构分析中水平地震仍起控制作用。

进一步分析竖向地震作用对塔台上部悬挑构件动力响应的影响。采用无量纲参数表示上部悬挑构件的竖向振动加速度的放大效应，竖向加速度放大系数为：

$$\beta_{\mathrm{v}} = \frac{a_{\mathrm{tmax}}}{a_{\mathrm{bmax}}} \tag{8-2}$$

式中，a_{tmax} 为杆件节点竖向加速度峰值；a_{bmax} 为结构地面输入竖向地震加速度峰值。

管制层悬挑梁外端竖向加速度放大系数如表 8-14 所列，竖向加速度观测点参见图 8-18（b）。

管制层悬挑梁外端竖向加速度放大系数　　　　　　　　　　　表 8-14

工况	T1-X	T1-Y	T2-X	T2-Y	R1-X	R1-Y
β_{v}	11.06	9.35	9.23	8.89	17.0	16.46

可知，罕遇地震作用下悬挑构件外端竖向加速度峰值相对地面竖向加速度输入峰值的放大系数在 9 倍以上，如天然波 1 沿 X 主向作用时，悬臂杆件外端竖向加速度放大系数为 11.06，说明竖向地震作用下塔台顶部管制层悬挑构件的竖向振动效应明显放大。

综上所述，采用非线性时程分析方法对机场高耸塔台结构的强震损伤进行分析，基于性能化抗震分析方法确定塔台关键构件性能水准并对塔台结构损伤进行控制，分析得出以下结论：

（1）高耸塔台结构采用多遇地震设计时，罕遇地震结构层间位移角满足规范限值要求，但筒体局部区域处于严重损坏状态；高耸塔台结构损伤较大部位位于筒体底部和中部区域，顶部管制层框架柱处于弹性状态；相对上部框架构件而言，罕遇地震作用下塔台筒体是结构的抗震薄弱部位。

（2）塔台筒体底部区域混凝土受压损伤明显，而塔台筒体中部区域的钢筋塑性应变最大，说明罕遇地震作用下塔台筒体中部区域受拉损伤明显，所以应重视高耸塔台筒体中部受拉区域的抗震设计。

（3）对高耸塔台筒体底部和中部损伤明显部位采用设防地震不屈服性能化抗震设计，能够有效降低结构损伤，如天然波 1 沿 X 主向作用时，混凝土受压损伤降幅为 32.6%，钢筋受拉塑性应变降幅为 33.8%，同时因性能化抗震设计增加的工程材料成本可控。

（4）考虑竖向地震作用时，塔台筒体损伤增大。相对混凝土受压损伤而言，筒体钢筋塑性应变增加更为明显，如天然波 1 沿 Y 向作用时，塑性应变增幅达到 24%；罕遇地震作用下，顶部悬挑构件竖向加速度相对地面输入加速度的放大在 9 倍以上。

参 考 文 献

[1] 黄信，李毅，齐麟，等. 高耸塔台结构抗震性能及推覆模式影响分析 [J]. 工程抗震与加固改造，2022，44（2）：26-32，47.

[2] 黄信，谭成松，陈宇，等. 强震作用下机场高耸塔台结构抗震性能分析 [J]. 地震工程学报，2022，41（1）：36-45.

[3] 李毅. 机场高耸塔台结构强震损伤及抗震性能研究 [D]. 天津：中国民航大学，2022.

[4] "十四五"民用航空发展规划 [R]. 中国民用航空局，国家发展和改革委员会，交通运输部. 2021.

[5] 顾云磊，钱江. 高位连体机场塔台结构抗震性能数值分析 [J]. 结构工程师，2012，28（3）：95-101.

[6] HOSSEIN M，VAFAEI M，SUHAIMI A B. Seismic performance of a wall-frame air traffic control tower [J]. Earthquakes and Structures，2016，10（2）：463-482.

[7] 陈志强，罗甘霖，李剑群，等. 青岛机场塔台结构设计 [J]. 建筑结构，2020，50（19）：85-92.

[8] VAFAEI M，ADNAN A B，BAHARUDDIN A. Seismic performance evaluation of an airport traffic control tower through linear and nonlinear analysis [J]. Structure and Infrastructure Engineering，2014，10（8）：963-975.

[9] 陈焰周，王颢，李霆. 武汉天河国际机场新塔台结构设计 [J]. 建筑结构，2020，50（8）：30-34.

[10] 石启印，李爱群，李培彬，等. 北京机场新塔台结构振动台试验研究 [J]. 工业建筑，2004（9）：40-44+63.

[11] 庄云，郭子雄. 竖向不规则结构的静力推覆分析 [J]. 工程抗震与加固改造，2005（S1）：62-66.

[12] WANG Z J，MARTINEZ-VAZQUEZ P，ZHAO B M. Pushover analysis of structures subjected to combined actions of earthquake and wind [J]. Engineering Structures，2020，221：111034.

[13] 黄群贤，郭子雄，杜培龙. 竖向刚度不规则高层框架结构推覆分析方法 [J]. 中南大学学报（自然科学版），2014，45（11）：3993-3999.

[14] 孙勇，张志强，程文瀼，等. 静力弹塑性分析方法基于水平位移加载模式的研究 [J]. 工程抗震与加固改造，2009，31（1）：74-80.

[15] MOHAMMADREZA V，SOPHIA C A. Assessment of seismic design response factors of air traffic control towers [J]. Bulletin of Earthquake Engineering，2016，14（12）：1-21.

[16] HOSSEIN M，MOHAMMADREZA V. Seismic Performance Evaluation of an ATC Tower through PushoverAnalysis [J]. Structural Engineering International，2018：1-6.

[17] HUANG T C，REN X D，LI J. Incremental dynamic analysis of seismic collapse of super-tall

building structures [J]. The Structural Design of Tall and Special Buildings, 2017, 26: e1370.

[18]　HUANG X, LV Y, CHEN Y, et al. Performance-based seismic design of the outrigger of a high-rise overrun building with vertical setback in strong earthquake area [J]. The Structural Design of Tall and Special Buildings, 2021, 30 (5): e1834.

[19]　JIANG H J, LI Y H, ZHU J M. Numerical simulation of mega steel reinforced concrete columns with different steel sections [J]. The Structural Design of Tall and Special Buildings, 2017, 26: 1304-1315.

[20]　LV Y, WU D, ZHU Y H, et al. Stress state of steel plate shear walls under compression-shear combination load [J]. The Structural Design of Tall and Special Building, 2018, 27: e1450.

[21]　REN X D, BAI Q, YANG C D, et. al. Seismic behavior of tall buildings using steel-concrete composite columns and shear walls [J]. The Structural Design of Tall and Special Building, 2018, 27: e1441.

[22]　CHEN X, LIU Y H, ZHOU B P, et al. Seismic response analysis of intake tower structure under near-fault ground motions with forward-directivity and fling-step effects [J]. Soil Dynamics and Earthquake Engineering, 2020, 132: 106098.

[23]　CHEN J X, LIU Y W, YANG J R, et al. The Seismic performance analysis for the ceramsite concrete frame-shear wall structure [J]. Advanced Materials Research, 2014, 3149: 919-921.